KB119035

내 아이를
지키는

성인지
감수성 수업

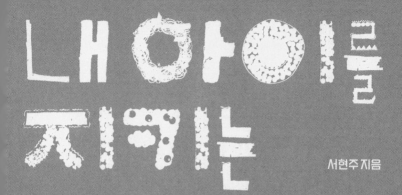

내 아이를 지키는

서현주 지음

성인지 감수성,
중요한 건 알겠는데 어떻게 가르치죠?

자존감 UP 편견 OUT! 부모와 자녀가 나눠야 할 진짜 성 이야기

성인지 감수성 수업

위즈덤하우스

모두를 위한
성인지 감수성

'공부는 못해도 괜찮으니 응, 느금마 같은 욕은 안 하는 아이로 컸으면 좋겠어.'

임신한 아이가 아들이라는 의사선생님의 말씀을 들었을 때 제일 먼저 스친 생각이었습니다. 서울 공립초 교사로 근무하며 가장 지도하기 버거웠던 대상이 교실에서 혐오 발언을 일상적으로 내뱉는 학생들이었기 때문입니다.

'여자가 하기 좋은 직업'이라는 이유로 초등 교사를 선택한 저는 아이들을 가르칠수록 이상과 현실 사이의 괴리로 혼란스러웠습니다. 교육대학교에서 배운 것은 전 과목을 잘 가르치는 방법이었는데, 막상 교실에서 부딪혀야 하는 상황은 끝없는 인성 교육과 생활 지도의 반복이었습니다. 그저 아이들을 사랑으로 감싸고 잘 짜인 교수 학습법을 실행하는 것이 교사의 의무라고 생각했던 저의 얄팍한 예상은 현장에서 와르르 무너졌습니다. 학교에서 정작 필요한 것은 수업에 쏟는 에너지보다 몇 배는 더 큰 힘이 들어가는 아이들의 행동 교정 및 상담이었으니까요.

2010년대 스마트폰이 급격하게 보급된 이후 학생들의 약자 혐오 발언 및 언어폭력 수위는 훨씬 더 심각해졌습니다. 스마트폰을 갖기 전의 어린이들과 가진 후의 어린이들의 세상은 격변 그 자체였습니다. SNS를 통한 지능적인 사이버 불링, 왜곡된 성적 표현물 시청 후 실행, 인간에 대한 대상화 및 타자화 등이 초등 교실에도 서서히 스며들었죠.

모든 학교가, 모든 학생이 그런 것은 아닙니다. 학교에서 각종 예방 교육을 하지 않는 것도 아닙니다. 그러나 소수의 학생들이 해당되더라도 학교 폭력이 가장 심각해지는 순간은 성 사안이 엉켰을 때, 아이들 사이에 권력 관계가 작용하여 폭력이 행해졌을 때, 디지털이 활용된 혐오가 바탕일 때인 것을 발견했습니다.

☆ 이 책이 꼭 필요한 분들

'어떻게 하면 편견과 약자 혐오에 물들게 하지 않고 내 아이를 키울 수 있을까?'

교사로서의 정체성에 양육자의 역할까지 더해진 저는 고민이 더욱 깊어졌습니다. 게다가 첫째에 이어 둘째도 아들, 졸지에 아들 둘 엄마가 되어 두 배, 아니 제곱의 책임감으로 어깨가 무거워졌어요. 뭐든 잘 해내는 엄친아 같은 아들을 길러내진 못하더라도, 폭력인지도 모르고 가해를 저지르는 존재로는 키우기 싫었습니다.

'내가 아들을 낳기로 선택한 것이 아닌데도 아들 양육에 대한 부담이 왜 이토록 클까?'

주변에 아이를 키우는 친구들과 교사인 지인들과도 고민을 나누어봤습니다. 그러다가 딸을 가진 엄마는 다른 양육 고민을 가지고 있는 것을 알 수 있었어요.

친구가 말했습니다.

"나는 아들 엄마인 네가 부러워. 나는 딸만 둘인데, 여자한테는 이 세상이 너무 위험하잖아. 일상적으로 걱정이 많이 되고. 아들은 그래도 좀 마음이 편하지 않아?"

그때 느꼈습니다. 엄마인 내가 여성인 것과는 별개로, 아이의 성별 때문에 걱정의 종류가 달라질 수 있다는 것을 요. 그렇다면 그것이 과연 자연스러운 것일까요? 무엇 때문에 그러한 차이가 벌어지는 걸까요?

극심한 저출생의 시기에 아이를 낳아 기르기를 선택한 양육자들에게 마음 깊이 박수를 보냅니다. 동시에 함께 대한민국에서 아이를 키우는 양육자들에 대한 연민의 마음도 생깁니다. 저 역시도 변화가 빠른 세상에서 학습, 인성, 체험 등을 두루 경험시키며 아이를 행복한 사람으로 자라게 하기 위해 신경 쓸 것이 너무 많아 두통이 올 지경이니까요.

그렇지만 '아이가 행복한 사람으로 자라면 좋겠다'라는 문장에 반대하는 입장을 가진 어른들은 아무도 없을 것입니다. 행복한 아이로 자라게 하려면 어떤 조건들이 필요할까요? 공부를 잘하는 사람, 돈을 많이 버는 사람, 남들을 제치고 경쟁에서 우위에서 있는 사람. 맞나요?

교사로서 교실에서 학생들을 바라봤습니다. 어떤 학생이 행복한 어린이 시절을 보내고 있을까? 아이를 키우면서 골똘히 생각했습니다. 이 시대를 함께 살아가는 어른으로서, 먼저 어린이 시절을 지나온 사람으로서 어떤 선물을 물려줄 수 있을까?

저는 어린이들이 이런 사람으로 자라길 바랍니다. 몸과 마음이 건강한, 자기 자신을 있는 그대로 사랑하는, 타인을 포용하려는, 편견이 없고 공감 능력이 뛰어난 존재. 이러한 요소들의 바탕에는 '성인지 감수성'이 깔려 있다고 생각해요. 그래서 다음과 같은 고민을 가지고 있는 분들께도 앞으로의 이야기가 도움이 될 것입니다.

공부도 중요하지만 인성이 가장 중요하다고 생각하는 분.

딸, 아들 구별 않고 자녀를 잘 키우고 싶은 양육자.

어린이와 청소년을 가까이 대하면서 귀하게 여기는 방법을 알고 싶은 성인.

내가 원하는 성별의 자녀가 태어나지 않아 약간 실망한 경험이 있는 부모.

남자아이를 세상이 말하는 '남자다움'에 맞추고 싶지 않은 분.

각종 편견에 관심이 많고 차별을 싫어하는 분.

딸들에게 세상이 위험하다고 느끼는데 어떻게 해결하면 좋을지 고민하는 분.

그리고

요즘은 남자들이 더 차별받는다고 생각하는 분.

　양육자들은 자녀의 성별을 정할 수 없었지만, 아이가 태어난 후 양육 방식은 정할 수 있습니다. 아이에게 어떤 단어를 쓰고 어떤 지도를 하느냐에 따라 아이를 망칠 수도, 또는 잘 자라게 할 수도 있지요. 교사로서 학생들을 가르칠 때도 아이의 성장에 가장 큰 영향을 미치는 것은 주 양육자의 교육관이었습니다.

　딸이든 아들이든 양육자 모두에게 육아가 버거운 요즘, 성인지 감수성이 바탕이 된 육아가 우리에게 하나의 실마리가 될 수 있습니다.

　'당신은 아들을 키우고 있잖아요.'

　'당신은 교사였잖아요.'

　'당신은 여성이잖아요.'

　이런 생각이 드실 수도 있습니다. 하지만 한 사람을 바라볼 때 한 가지 잣대로만 평가하려고 하는 것이 편견의 시작이라고 생각해요. 어느 한쪽의 입장에서만 이야기할 것이라고 예상하는 것도 편견의 결과죠.

　저는 아이 둘의 엄마이기도 하지만, 모든 아이를 똑같이 사랑했던 교사였고, 어느 가정의 첫째 딸이기도 하며, 어느 남성의 배우자, 시민, 소비자, 문화 향유자 등 너무나 많은 역할을 맡고 살아갑니다. 복합적인 정체성을 인지하고 살지요. 게다가 저는 무척이나 예민한 사람입니다. 여기서 말하는 예민함이란, 신경질적이고 까탈스러운 기질을 말하는 것이 아닙니다. 무엇이 교묘한 차별이고 폭력인지를 조금 더 빨리 알아채는 능력을 말합니다.

예민한 것이 뭐가 좋냐고요? 교실에서 아이들에게 영향을 끼치는 교사로서, 빠르게 변하는 현대사회에서 아이를 키우는 양육자로서, 대중매체를 소비하는 소비자로서 비교적 민감하게 판단하고 타인을 포용하려고 노력하는 자세가 예민함에서 비롯되기 때문입니다.

저희 집에서 제가 아이들에게 자주 쓰는 표현이 있는데 "그건 편견이야"라는 말입니다. 아이가 만화를 보고 "대장은 남자야"라고 할 때, "핑크색은 여자아이들이 좋아하는 색이야" 같은 말을 할 때 주로 사용해요.

☆ 편견 없는 아이로 키우고 싶으시다면

'편견'이라는 단어를 제가 아닌 아이가 처음으로 발화했을 때는 첫째아이가 6살일 때였습니다. 놀이터에 어린이집 가방을 멘 남아로 보이는 어린이와 아이를 돌보는 할머니가 있었습니다. 개미를 관찰하던 아이가 개미를 쾅쾅 발로 밟아 죽이더군요.

그러면서 이렇게 말했어요.

"할머니, 저는 남자라서 개미가 무섭지 않아요!"

이 광경을 지켜보던 제 첫째아이가 저에게 달려와 귓속말로 말했어요.

"엄마, 저 아이가 편견의 말을 하고 있어요. 남자라도 무서운 게 있을 수 있잖아요. 그리고 개미는 무서워하지 않아도 되고 그냥 소중한 생명인걸요. 함부로 죽이면 안 될 텐데."

아이의 귓속말을 듣고 내심 놀랐습니다. 일반적인 경우에 '편견'이라는 단어를 사용한 적은 많았는데 이러한 양육 방식이 아이에게 직접적으로 적용될 것이라고는 미처 예상하지 못했었거든요. 그때, 교육의 힘을 다시 한 번 체감했습니다. 올바른 가치관을 내재한 성인의 언행은 각 가정의 어린이에게, 또 학교에 있는 학생들에게 어떤 식으로든 영향을 미친다는 것을 몸소 느꼈으니까요.

6살 어린이의 발언이 자연스럽게 느껴지고 별로 놀랍지

않으시다면 이 책을 읽지 않으셔도 됩니다. 하지만 어린아이가 어떻게 그런 생각을 할 수 있었는지 궁금하신 분들께는 제가 세상을 바라보고 겪은 소소한 이야기들을 들려드릴게요. 어떤 분들에게는 앞으로의 이야기가 너무 쉽고, 어떤 분들에게는 꽤나 머리가 아픈 소재가 될 수도 있습니다.

분명히 말씀드릴 수 있는 것은 갈수록 아이 키우기가 어려워지고 혐오와 갈라치기가 판을 치는 세상에서 무엇이 편견이고 차별인지 아는 성인지 감수성에 대한 힌트를 얻으실 수 있다는 것입니다.

"성인지 감수성 좋은 건 알겠는데, 그게 뭐 밥 먹여주나요?"

성인지 감수성은 단순히 가치관에만 해당하는 주제는 아닙니다. 성인지 감수성은 정말로 밥을 먹여주거든요. 세계경제포럼이 발표한 2022년 세계성평등지수 순위에 따르면 전 세계에서 가장 성인지 감수성이 높은, 즉 성평등하다고 여겨지는 국가는 아이슬란드라고 합니다. 13년 동안 부동의 1위를 기록했다고 해요. 놀랍게도 아이슬란드는 1인당 국내총생산GDP이 6위로, 대한민국의 약 두 배로 조사되기도 했습니다(2021년 기준). 성별에 대한 편견이 없고, 여성의 경제 참여율도 높아서 국가 경쟁력이 높은 결과이지요. 더 흥미로운 것은 아이슬란드는 세계에서 가장 행복도가 높은 나라 순위 중 3위*를 차지하기도 했습니다.

성인지 감수성이 밥도 먹여주고 행복과도 연관이 있으니, 대한민국에도 꼭 필요한 주제겠죠. 앞으로의 이야기들을 천천히 따라오시면 성인지 감수성이 여자만, 남자만 위한 것이 아니라 우리 모두의 개별성을 존중하기 위한 장치인 것을 알게 되실 겁니다. 우리 아이들 모두가 편견 없이 행복한 사람으로 자라게 도와주는 성인지 감수성 교육에 함께 발걸음하시겠어요?

---

* John F. Helliwell, Richard Layard, Jeffrey D. Sachs, *"World Happiness Report 2023"*, 2023.

변화하는

세상에

필요한

발명의 공부

우리에게 성인지 감수성이
필요한 이유

추운 겨울, 온 가족이 프로 농구 경기를 보러 갔습니다. 집 앞 공원에서 농구공을 가지고 놀 때와는 확연히 다른 현장 감을 느낄 수 있는 시간이었어요. 선수들의 멋진 플레이와 박진감 넘치는 경기장 분위기는 아이들에게 새로운 경험을 선물했습니다.

농구 경기만큼이나 흥미로웠던 것은 쉬는 시간에 이루어진 선물 증정 이벤트와 흥겨운 음악에 맞춘 응원이었어요. 관중석 가까이에서 마이크나 확성기를 이용하여 크게 소리를 지르며 박수와 응원을 유도하는 응원단장이 있었고, 선수들이 작전 타임을 가질 동안 경기장에서 군무를 하는 치어리더들이 있었습니다. 치어리더들은 몸에 딱 달라붙는

반팔 티셔츠를 입고 있었어요. 하의는 아주 짧은 반바지였고 하나같이 긴 생머리를 찰랑거리고 있었습니다.

치어리더들이 입은 반바지는 신축성도 좋은 것 같았어요. 가로세로로 다리를 찢어도 멀쩡했으니까요. 응원단 중에는 남성도 있었는데 가벼운 여성을 들어 올리고 던지는 역할을 하고 있어서 그런지 몸에 붙지 않고 편안한 운동복 차림을 하고 있었습니다.

"엄마, 꼭 서커스 같애."

어린이의 눈에 서커스처럼 보이는 치어리더 군단에 똑같은 복장을 한 여자 어린이들도 등장했어요. 반팔 티의 밑단 부분을 묶어 허리 부분을 강조하는 상의를 입었고 하의는 아주 짧은 반바지였어요. 긴 생머리를 묶거나 내려서 찰랑거리게 하는 것도 치어리더 언니들과 마찬가지였죠. 허리는 잘록하게, 다리는 길고 날씬해 보이도록 꾸민 여자 어린이들은 K-Pop 음악에 맞추어 열심히 춤을 추었어요. 홈팀이 승리하기를 바라는 마음에 하는 응원일 텐데, 선수들은 작전 타임에 집중할 뿐 응원단을 쳐다보는 선수는 아무도 없었습니다.

"엄마, 저 누나들은 추운데 왜 여름옷을 입었어? 춤출

때 배꼽도 다 보이잖아. 부끄럽게."

아뿔싸. 일반 관중들 눈에는 그저 신나게만 보였던 응원 장면이 농구장을 처음 와본 어린이에게는 이상하게 보였던 것 같아요. 계절과 맞지 않는 옷을 입고 춤을 추고 있었으니까요.

순간 등골이 서늘해졌습니다. 아이들과 즐거운 체험을 하러 장소를 정한 것은 어른들인데, 고의가 아니지만 어린이에게 성인지 감수성이 떨어지는 장면을 보여주게 된 꼴이니까요. 제가 농구장을 처음 갔던 것도 아니고 치어리더를 그날 처음 본 것도 아닌데 왜 그날 유독 불편해졌을까요.

농구장에서 있었던 일을 성인지 감수성의 시각으로 바라보겠습니다. 가만히 보니 여러 가지 문제가 있었어요.

첫째, 치어리더들이 계절에 맞지 않는 의상으로, 필요 이상의 노출을 하고 있었습니다. 치어리더가 운동 경기장에 존재하는 이유는 무엇일까요? 선수들의 사기 증진을 위해서일까요, 관람객의 눈요기를 위해서일까요? 선수들은 치어리더들이 공연을 하는 동안 감독과 작전 타임 중이었으니 저는 후자로 느껴졌습니다.

둘째, 여자 어린이들의 등장이 안타까웠습니다. 치어리더 언니들과 똑같은 복장을 하고 '어른'처럼 꾸민 모습이 일회성 이벤트인지, 예비 치어리더로서 지속적으로 준비하는 것인지는 모르겠습니다. 하지만 여자아이들의 모습에서 어린이로서의 순수함과 귀여움은 찾아보기 힘들었습니다. 성인 치어리더들처럼 골반을 좌우로 흔들고 잘록한 허리와 각선미를 뽐내는 동작의 '섹스어필'스러운 춤을 추는 모습은 더욱 경악스러웠습니다. 저희 집 아이들이 치어리더라는 직업을 뭐라고 생각할까? 두려워졌습니다.

셋째, 여자와 남자가 하는 일의 중요도가 다르다고 생각할 여지가 있습니다. 농구 경기장에서 중요한 역할을 하는 사람들, 즉 마이크를 잡고 경기에 대한 내용을 이끄는 장내 아나운서, 경기에 관한 중요한 지시를 감독 및 코치, 관중 가까이에서 목소리를 내서 응원을 유도하는 사람들이 모두 남자였습니다. "엄마, 농구는 남자만 하는 거지?"라고 말하는 아이에게 "아니야, 여자 농구도 있어"라고 대답해주기는 했습니다만, 여자 프로 농구나 여자 배구를 가더라도 선수의 성별 빼고는 비슷한 분위기입니다.

남자 프로 농구를 보러 갔으니 전체적으로 남성이 주도

하는 분위기가 자연스러운 것이 아닐까 생각하실 수도 있습니다. 맞습니다. 그러나 중요한 것은 남자 프로 농구 경기장에서 볼 수 있는 여성의 모습이란 계절에 맞지 않는 옷을 입고 성적인 춤을 추는 어른과 어린이뿐이라는 것입니다. 농구장에서 제가 느낀 성역할은 남성은 중요한 일을 하고 여성은 예쁜 척을 하는 부수적 역할이었습니다.

👫 일상에 깊이 스며든 불평등한 시선

은연중에 남녀를 구분하고 역할을 규정짓는 모습은 비단 운동 경기장에만 있지 않습니다. 우리 일상 곳곳에서 여성과 남성의 일이 뚜렷하게 나뉘어 있는 상황을 자주 발견할 수 있지요. 예를 들어 "여자는 모성애가 뛰어나", "집안일은 여자가 해야지", "남자는 씩씩하게 울면 안 돼", "중요한 결정은 남성이 하는 게 자연스러워" 같은 것입니다.

성인지 감수성은 성별 간의 차이로 인한 일상생활에서의 차별과 유불리함을 이해하고 불평등을 인지하여 이를 해결하고자 하는 관점과 태도입니다. 넓은 의미로 성평등 의식과 실천 의지, 그리고 성 인지력까지의 관점에 대한 내용을 모두 포함하는 것이에요. 궁극적으로 성에 관련된 모든 불필요한 편견과 고정관념을 없애자고 주장하는 것입니다.

성인지 감수성은 편견에 대한 이야기이기 때문에, 우리 모두에게 긍정적인 영향을 끼치는 소중한 가치입니다. 따라서 남자만 노력해서도, 여자만 노력해서도, 또는 성인만 노력해서도 될 일이 아닙니다. 분명한 것은 양육자와 교육 현장에 있는 어른들의 성인지 감수성이 특히 중요하다는 것이에요.

성인지 감수성이 없으면 다양성에 대한 존중도, 자존감도, 안전과 행복도 인식하기 어렵습니다. 소중한 우리 아이가 행복한 사람으로 자라는 것은 모든 양육자의 바람이지요. 이제부터는 올바른 성 인식을 가진 사람으로 자라게 돕는 성인지 감수성에 대해 자세히 살펴보도록 하겠습니다.

녹색어머니회와
양육자

평일 아침 8시에서 9시 사이, 초등학교 앞 건널목에서 학생들의 안전을 위해 교통 봉사하는 분들을 보신 적이 있나요? 흔히 이들을 '녹색어머니회'라고 부르는 것을 들어보셨을 텐데요. 녹색어머니는 1969년 박정희 대통령 시절에 생겼던 단체입니다. 사단법인 녹색어머니 중앙회에 따르면 단위 학교별로 출범된 '자모 교통 지도반'이 그 시초라고 하네요. 녹색어머니를 떠올리니 크게 세 가지의 느낌이 함께 뭉뚱그려집니다.

따뜻함, 난감함, 불편함.

'국민학교'에서 '초등학교'로 명칭이 바뀌는 시절에 학교에 오갔던 기억을 떠올립니다. 열악한 주택들이 밀집된

곳에 있던 모교 앞 횡단보도는 같은 학교 학생이 교통사고로 사망한 슬픈 기억이 있던 곳이었어요. 언제 차가 올지 몰라서 무섭게만 느껴지던 넓은 횡단보도를 단숨에 건널 수 있었던 것은 녹색어머니들의 따뜻한 보살핌 덕분이었습니다.

　　교사가 되어 만난 녹색어머니는 3월에 학교에서 할 일 중 가장 난감하고 피하고 싶은 업무였습니다. 당시 근무하던 학교는 아파트 단지들로 둘러싸인 곳이어서, 여러 등굣길에서 오는 학생들을 위해 교통 봉사가 꼭 필요했습니다. 매일 여러 명씩 1년을 배치해야 하다 보니 각 학급에 배정된 봉사 인원수는 6~7명이었어요. 문제는 학부모 총회 때 교사가 학급에 할당된 봉사 인원을 재량껏 채워야 한다는 것이었습니다. 배정된 봉사 인원수를 채우지 못하면 담임 교사가 일일이 각 가정에 전화를 걸어 녹색어머니에 참여해 달라고 읍소를 해야 하는 상황이었죠. 학년이 바뀌면 3월에 열리는 학부모 총회의 본질은 교사의 교육 철학이나 학급 운영에 대한 가치관을 말씀드리는 것입니다. 하지만 녹색어머니를 비롯한 학부모 단체 필요 인원의 모집 강조로 주객이 전도되는 상황이 펼쳐지고는 했었죠. 우리 반이 녹색어머니 봉사 담당 차례가 되면 아침 일찍 출근하여 고생

하시는 어머님들께 인사를 다니는 것도 담임교사의 몫이었습니다. 녹색어머니회는 신규 교사에게 난감함 그 자체였습니다.

🏃 '녹색어머니'가 왜 불편하냐고요?

아이를 학교에 입학시켜보니 제가 교사였을 때 했던 것처럼 각종 학부모 단체 인원을 모집하느라 고생하시는 담임 선생님들의 모습이 보였어요. 시간이 되는 한 최대한 학교에 협조하고 봉사하려고 노력했습니다. 한 가지 불편했던 점은 아이가 다니는 학교에서 '녹색어머니회'라는 명칭을 아직도 쓰고 있다는 것이었어요.

이 말이 불편한 이유는 녹색어머니가 시작된 1969년의 배경과 지금의 현실은 사뭇 다르기 때문입니다. 예전에는 남성이 밖에 나가 일을 하고 여성이 집안을 돌보고 아이의 학교생활을 책임지는 형태가 자연스러웠습니다. 그러나 그로부터 50년이 지난 지금은 부부 맞벌이의 형태가 다수죠. 아이를 돌보는 것도 엄마만의 몫이 아니라 가족 구성원 모두가 함께 해야 하는 공동의 책임인 것을 모르는 분도 없을 거예요. 등교하는 어린이들의 안전을 책임지는 것도 어머니의 몫만이 아니니 구닥다리 용어를 바꿔야 하는 것은 당연합니다.

녹색어머니회든 아버지회든 애들만 잘 지키면 되지 대충 넘어가도 될 것을 단어 하나에 왜 문제 제기를 하는지 의문을 갖는 분도 계실 겁니다. 하지만 이런 경우는 어떨까요? 엄마가 돌아가셔서 안 계신 가정, 엄마와 떨어져 사는 아이, 엄마가 너무 바빠서 교통 봉사에 참여할 수 없는 가족, 혹은 주 양육자가 어머니가 아니라 집안의 다른 어른이라서 그 사람이 교통 봉사에 참여하는 것이 자연스러운 경우, 보육원에서 자라고 있는 아이들.

아이들을 사랑하고 보호하는 어른들이라면 누구나 참여할 수 있는 교통 봉사 단체에 '어머니'라는 이름을 새겨 넣으면 그 순간부터 제한이 발동됩니다. 앞서 말씀드린 여러 가지 상황에는 '녹색어머니회'라는 명칭이 어울리지 않게 되는 것이죠. 이처럼 언어의 테두리는 경직된 사고와 행동을 유발하기 쉽습니다.

아침마다 안전을 위해 봉사하는 어른들이 모두 여성인 어머니만을 보고 자란 아이들을 떠올려보세요. 다른 곳에서는 다양한 어른들이 교통 봉사를 하는 모습을 본 어린이들도 있습니다. 두 집단 중 어떤 어린이들에게 사고의 유연성을 기대할 수 있을까요?

학부모 단체 소속으로 교감, 교장 선생님과 면담을 할 귀한 기회를 얻었을 때 '녹색어머니회' 명칭에 대해 유연한 용어로 바꿔주시면 어떻겠냐고 건의를 했어요. 선생님들께서는 그런 지점은 고려하지 못했었다며 바꾸는 것이 좋겠다고 동의해주셨습니다.

이제 아이 학교 교통 봉사 단체 명칭은 '녹색 교통봉사회'가 되었어요. 물론 아직도 교통 봉사에 참여하는 분들은 각 가정의 어머니가 많으시지만 가끔은 아버지도 보입니다. 학교 가정통신문에 아이들의 안전을 위해 다양한 보호자분들께서 참여해주심을 반영했다고도 명시되어 있고요. 학교에서 용어를 바꾸는 절차는 내부 기안을 하고 가정통신문을 내보내는 것으로 간단하게 처리하셨다고 합니다. 학부모의 의견에 귀 기울이고 변화를 만들어내는 학교 문화가 학생들에게 분명 긍정적인 영향을 끼칠 것이라고 믿고 있어요.

🏃 언어는 사고를 규정합니다

'녹색어머니' 말고도 고쳐야 할 단어가 하나 더 있습니다. '학부모(學父母)'라는 용어입니다. '학부모'는 학생의 아버지나 어머니라는 뜻으로, 학생의 보호자를 이르는 말이지요. 여기서 '보호자'는 법률상 미성년자에 대하여 친권을 행사하는 사람을 뜻하기도 해요. 녹색어머니까지는 알겠는데 '학부모'처럼 자주 쓰이는 말을 굳이 바꿔야 할 이유가 있나 궁금하실 수도 있습니다.

우리나라는 유독 '정상 가족 프레임'이 강하게 작동하는 국가입니다. 결혼은 여성과 남성의 이성애를 토대로 법적인 근거를 가지고 이루어져야 하죠. 이 부부가 아이를 낳으면 그제야 평범한 정상 가족의 이미지로 규정됩니다.

학교에서 정상 가족 프레임이 작동하는 사례는 쉽게 찾아볼 수 있습니다. 어떤 학생이 남에게 피해를 끼치는 문제 행동을 보이면 "이혼 가정에서 자란 애라서 저래", "쟤는 조부모 가정에서 자라서 좀 그렇더라고" 하는 교사들의 평가를 수없이 목격했거든요. 사실 동료 선생님들께서 그러한 발언을 하실 때마다 마음 한구석이 움찔움찔했습니다.

제가 이혼 가정에서 자란 당사자였으니까요.

그럴 때마다 이렇게 외치고 싶었습니다.

'저도 엄마 아빠가 이혼하셨는데 이렇게 잘 커서 지금 선생도 하고 있는데요, 선배님들!'

그렇다면 과연 엄마, 아빠, 아이로 이루어진 가정은 늘 화목하고 이상적인 구성일까요?

두 가족이 있습니다. 엄마와 아빠가 같이 살지만 자주 상처 주는 말을 하고 싸워서 아이가 불안함에 시달리는 가족, 엄마 아빠가 서로 맞지 않는 것을 깨닫고 따로 떨어져 살지만 모두가 정서적으로 안정되게 살아가는 가족. 다소 극단적인 예시이지만 결국 중요한 것은 가족의 형태가 아니라는 것을 말하고 싶어요. 가족 구성원들이 서로를 얼마만큼 존중하는지가 행복한 가정의 필요조건인 것이죠.

율리아 귈름의 그림책 『우리 가족 만나볼래?』는 '모든 가족은 다 다르다'고 말해줍니다. 여러 동물을 의인화해서 다채로운 가족의 모습을 보여주거든요. 시끄러운 가족, 서로 닮은 가족, 닮지 않은 가족, 규칙이 엄격한 가족 등 다양한 가족이 존재하고 있다는 것이지요.

마지막 장에는 이러한 문장이 나옵니다.

'하지만 모든 가족은 똑같은 게 있어요. 그것은 바로……
서로를 너무너무 사랑한다는 거예요!'

어린이를 사랑하는 마음으로 돌보는 존재들은 엄마나
아빠만이 아닙니다. 상황에 따라 할머니, 할아버지, 이모,
삼촌, 고모, 미성년자인 형제, 또는 보육 시설의 누군가가
될 수도 있습니다. 대한민국의 어린이들은 이처럼 다양한
존재의 돌봄을 받으며 자랍니다. 따라서 어린아이를 키우
는 사람을 통틀어 '학부모'라고만 부르는 것은 다양한 돌봄
주체들에 대한 존중이 사라진 표현인 것이죠.

소중한 어린이를 돌보는 다양한 존재들을 존중하는 의
미로 '양육자(養育者)'라는 언어를 사용해보시면 어떨까
요? 양육자는 '어린이를 양육하는 사람'이라는 뜻입니다.
'기를 양', '기를 육' 자로, '기른다'는 의미를 두 번이나 강
조한 단어네요. 한 인간을 기르고 또 기르는 데는 정말 많
은 인내를 수반합니다. 그뿐인가요. 시간과 돈, 정성, 정서
적 지지, 신체적 희생 등 셀 수도 없는 많은 것이 필요하지
요. 직접 낳고 기르는 어른들만을 뜻하는 '학부모' 대신, 위
대한 양육을 맡고 있는 모든 어른을 위해 '양육자'라는 말
을 일상적으로 사용하는 것을 권하고 싶습니다. 세상에서

가장 가치 있는 일을 하는 사람들을 존중하는 마음이 생기실 거라 기대합니다. 더불어 학교 현장과 대중 매체에서도 '학부모' 대신 '양육자'라는 존중의 언어를 많이 사용해주길 기다립니다.

K-엄마 탐구 보고서

엄마를 구합니다!

- 성별 : 여성(한국 국적)

- 나이 : 20~40대

- 하는 일

- 임신 중 아이를 위한 올바른 태교(직장 다니는 것 권장).

- 임신 중 무작위로 발현되는 부작용에 대한 건강관리.

- 출산 시 아기의 건강을 위한 자연분만, 모유 수유.

- 야간 수유 하는 동안 다른 가족은 깨지 않도록 주의(약 20개월 소요).

- 아이 가정 보육 시 식단 관리와 집 안 청결 유지.

- 아이 어린이집 등원 시 복직이나 파트타임 권장.

- 유치원, 학교, 학원 선택 및 자녀 스케줄 관리.

- 아이 교우관계 및 심리 문제 해결.

- 가정 내 독서 지도 및 기본 학습 습관 관리.

- 자녀 진로 상담, 입시 지도 및 학원 라이딩.

- 그 외 자녀의 의식주 관련 전반적인 총 책임.

• 급여 : 없음

• 복지

- 국가에서 주는 양육 수당.

- 운이 좋으면 하는 일 중 일부를 외주로 줄 수 있음. 유료.

※ 고려 사항

- 임무를 성실히 수행했을 때에는 모성 본능을 잘 발휘했다고 할 수 있지만 조금이라도 부족하면 죄책감에 시달릴 수 있음.

- 엄마의 역할을 선택하지 않은 여성은 타인에게 왜 아기를 낳지 않는지 매번 설명해야 할 수도 있으며, 때로는 이기적인 부모로 치부될 수 있음.

- 아이와 유아차를 끌고 카페에 가면 맘충이 될 수도 있으니 주의.

- 아이를 돌봐주지는 않으면서 육아에 대해 원치 않는 조언을 하는 사람들이 종종 있으니 유연하게 대처해야 함.

- 직장에 나갈 경우, 아이돌보미 구인 및 관리.

- 출산 및 육아로 인한 신체적 · 정신적 쇠약은 스스로 진단하고 견디되

치료를 받으려면 유료.

- 결혼 이후 기대되는 딸이나 며느리로서의 역할은 별개 의무.

신규 교사로 발령받아 근무했던 학교에서 담임이 아닌 교과 전담 교사로 일했을 때 의아한 점이 있었습니다. 함께 교과 전담실을 사용하는 선생님께서 아침에는 지각에 가깝게 간당간당한 시각에 출근을 하셨는데요. 반대로 퇴근 시간에는 단 1분의 오버타임도 허용하지 않고 자로 잰 듯한 칼퇴근을 하시는 것이었어요.

아침에 아이를 어린이집에 데려다주고 오시는 엄마 선생님이셨는데, 왜 그리 항상 헐떡이고 있고 급하게 출퇴근을 하는지 이해하기가 어려웠습니다. 당시 본가에 살면서 엄마의 케어를 받으며 내 옷만 입고 출근하면 되는 저로서는 '5분 더 일찍 오시고 퇴근 시간에도 좀 여유롭게 나가면 안 되나?' 하는 걱정 섞인 의아함을 가지고 있었어요. 2013년 즈음 어린이집 전면 무상보육 실시 이슈가 있었는데, 철없던 저는 '집에 있는 엄마들에게는 어린이집을 유료로 이용하게 하는 게 낫지 않냐'는 망언을 엄마 선생님들께 늘어놓기도 했었습니다. 헛소리를 하던 철없는 예비 교사 맘은 사랑을 하면 결혼을 해야 한다고 생각했고, 결혼을 하면 아이를 당연히 낳아야 한다고 생각하고 결혼과 출산을 대학 입학, 취업, 그다음으로 연결되는 인생의 과업 리스트에 올려놓았었습니다. 그리고 그 과업들이 선택 옵션이 될 수도 있다는 사실을 인지하지 못한 채 충실히 실행했어요.

이제 와서 고백하자면 첫아이를 낳기 전에는 아기를 낳아놓으면 그저 다 큰 반려견을 키우는 것과 비슷한 돌봄이지 않을까 생각했었습니다. 이를테면, 몇 시간에 한 번씩 밥을 주고, 가끔 목욕이나 산책을 시키면 혼자 먹고 혼자 잠들 테니 내가 외출하고 싶을 때는 그냥 두고 나가도 되는 줄 알았어요. 나를 닮은 귀여운 미니미가 태어나면 예뻐만 해주면 되는 줄 알았습니다. 정말이지 아기 키우는 것에 대해 한 번도 배운 적이 없어서 모르고, 교사로서 학생들에게 가르쳐본 적도 없던 저는 그냥 '낳아놓으면 알아서 잘 크겠지'라는 안일한 생각으로 임신과 출산을 수행했어요.

👪 '모성'이란 말에 가린 육아의 민낯

첫 출산을 했을 때의 기억을 더듬어봅니다. 아기를 낳는다는 것이 그토록 많은 선택의 고민을 하게 하는 것인지 정말 몰랐어요. 무한 선택의 미션은 임신 중 병원 선택부터 시작됩니다. 그 후 출산 병원 선택, 담당 의사 결정, 수술이냐 자연분만이냐, 출산 직후 영양제는 얼마짜리를 맞을 것인지, 조리원은 어디로, 조리원에서 특실 혹은 일반실, 마사지는 몇 회, 신생아 예방 접종 종류 고르기, 분유 선택, 모유 수유 혹은 단유, 조리원 퇴소 후 신생아 케어 도우미 구인 여부, 아기 젖병, 기저귀 등 아기 관련 물건 선택 등. 출산으로 인한 신체적·정신적 충격에서 벗어나 호르몬의 장난질에 놀아나기도 전에, 많은 선택들에 짓눌려 눈과 손목을 혹사시키며 스마트폰을 붙들고 있던 제 모습이 떠오릅니다.

아기는 그냥 놔두면 자는 줄 알았더니 쉴 새 없이 사이렌 소리처럼 날카롭게 울어대서 그 작은 존재를 어쩌지 못해 쩔쩔매는 제 모습이 한심하고 아기에게 화가 나기도 했어요. 아이가 귀엽고 신기하긴 한데, 그것과는 별개로 이성의 끈을 붙들고 있는 저로서는 아기와 관련된 모든 것이 부담스럽게 느껴졌습니다.

'어머니는 위대하다.'

이 뻔하고 짧은 문장이 그토록 사무치게 다가올 줄 몰랐습니다. 새삼 학교에서 만났던 엄마 선생님들의 얼굴이 많이 떠올랐어요. 육아에 대해 알지 못하면서 함부로 내뱉었던 경솔함에 혼자 낯이 뜨거워지기도 했습니다.

엄마가 되기 전에는 모성이라는 것이 그저 아름답고 순결하며 언제나 기쁘게 아이를 기르는 마음인 줄 알았어요. 『임신출산육아 대백과』를 봐도 임신 몇 주 차에 아기는 어떻게 자라고 있는지, 아이가 몇 개월 때 무엇을 먹이고 어떻게 놀아줘야 하는지만 나와 있었습니다. 하지만 아기를 품고 낳은 엄마가 어떻게 다뤄져야 하는지는 알려주지 않았습니다.

"저만 이렇게 힘든가요? 진짜 왜 이렇게 힘든 건가요?" 물으면 돌아오는 답변은 "다 그래. 원래 그렇게 힘든 거야" 뿐이었습니다. 엄마는 모두 힘들다는 사실은 별로 위로가 되지 않았어요. 아니, 모두가 힘든 것이 거부할 수 없는 진실이라면 누군가 나서서 해결할 수 있게 해야 하는 것 아닐까. 아이를 낳는 것이 정말 국가를 위한 일이라면 거시적인 관점에서 육아의 고충을 돌보아주어야 하는 것 아닐까 하는 물음표가 생겼습니다.

'당신이 원해서 선택하고 낳은 아이잖아요. 왜 국가가 책임져야 하죠?'

그 말도 맞는 말입니다. 하지만 가임기 여성 인구수를 표시한 '대한민국 출산 지도'를 정부 부처에서 만들었던 것을 보면 출산을 지극히 개인적인 일로만 치부할 수도 없는 것 같아요. 국가에서 조사한 가임기 여성 중 한 명으로 통계에 들어간 저로서는 이 정도는 궁금해할 자격은 있지 않을까요?

⚎ 엄마를 먼저 이해해주도록 해요

아기를 낳고 신생아를 돌보며 정신 못 차리고 있을 때 가장 반가웠던 이벤트는 손님들의 방문이었습니다. 우는 아기를 안고 있는 것은 똑같지만 어른과 이야기하고 맛있는 간식을 먹으면 잠시라도 영혼이 쉬는 느낌을 받았었거든요. 또 아기를 위한 선물을 사 오는 지인들의 마음이 참 감사했습니다.

아기가 어느 정도 자라고, 반대로 제가 누군가의 출산을 축하하러 갈 때 저는 아기 선물은 사지 않았어요. 대신 엄마를 위한 선물을 준비했지요. 아기를 보러 간 것이 아니라 무사히 출산을 해낸 엄마를 격려하러 갔다는 마음을 전달하기 위해서요. 여기까지는 좋았는데, 제가 예전에 산모들을 위해 준비했던 선물은 다름 아닌 '립스틱'이었습니다. 아기와 함께 외출할 때 생기 있는 입술을 꾸미고 산뜻한 마음으로 집을 나서라는 배려였거든요.

결국 저는 '엄마도 여자이니 예뻐야 한다'라는 고정관념에서 벗어나지 못하고 화장품을 선물하는 실수를 범했어요. 스스로 반성하는 마음에 이제는 산모 선물 품목을 바꿨습니다. 그림책 한 권인데요. 권정민 작가의 『엄마 도감』입니다.

'엄마가 태어났습니다. 나와 함께'라는 강렬한 첫 문장으로 시작하는 책은 처음부터 끝까지 엄마를 관찰합니다. '도감'이라는 제목과 어울리는 '생김새', '먹이 활동', '신체 활동', '배변 활동'이라는 소제목을 달고 K-엄마의 특징을 상세하게 보여줍니다. 뭐든지 서툴러서 힘들었던 초보 엄마를 위해 이제는 지나간 과거를 그림과 글로 남겨준 것 같아 한껏 위로가 됩니다. 하루 일과의 즐거움이었던 택배 상자 뜯는 장면을 보니, 역시 사람 사는 모습은 다 비슷하군요. 이토록 빼어난 관찰의 주체는 다름 아닌 아기입니다!

『엄마 도감』을 읽고 이런 질문을 던져보면 어떨까요?

엄마의 역할은 어디부터 어디까지일까?

한국의 엄마들은 행복하다고 느끼고 있을까?

엄마가 되기를 선택한 여성들을 존중한다면 어떤 정책이 더 필요할까?

육아 전문가들이 하는 말이 있죠.

"아이가 힘들어할 때 감정에 공감해주세요."

엄마도 때로는 온몸으로 공감받고 싶습니다.

'그랬구나. 엄마들이 힘들었구나.'

제게는 『엄마 도감』이 그렇게 말을 걸어주는 것 같았습니다. 여유가 있으시다면 엄마들에게 이렇게 말 걸어봐주시면 좋을 것 같아요.

'그럼, 이제 어떻게 하면 좋겠어?'

성교육,
특강으로 때우려 하시면 실패합니다

'성교육' 하면 생각나는 단어나 이미지를 떠올려보세요. 섹스, 임신, 출산, 자위, 피임, 콘돔, 성기, 음란물, 순결, 성폭력, 피해, 가해, 예방, 난자, 정자, 2차 성징, 사춘기, 경계 존중. 성교육에 특별히 많은 관심이 있는 분이 아니라면 위의 단어들에서 크게 벗어나지 않을 듯합니다. 이런 단어들을 떠올릴 때 마음이 편안하고 자연스러웠나요, 어딘가 불편하고 찜찜하셨나요?

질문을 좀 더 해보겠습니다. 우리나라의 성교육은 그동안 성공적이었다고 생각하시나요? 아니, 우리가 제대로 된 성교육을 받은 경험이 있는지부터 여쭤야겠습니다.

'성교육 참 중요하긴 한데, 직접 하긴 좀 그렇고 남에게 맡겨서 편하게 하고 싶고, 학교에서 하지 않나?'라고 떠올리는 것이 대한민국 성교육의 현주소 아닐까요. N번방 사건까지 굳이 이야기하지 않아도 성교육은 성공적이라고 볼 수 없을 것 같습니다. 왜냐하면 우리는 성에 대해 편안하게 이야기한 적이 별로 없으니까요.

제 기억에 인상 깊이 남아 있는 성교육의 장면들은 학교나 교육기관이 아닌 친구네 집에서 열린 수업들이었습니다. 첫 번째, 초등학교 6학년 때 친구가 굉장한 걸 알고 있다는 표정으로 말했습니다.

"얘들아, 우리 언니가 그러는데 생리라는 것을 하면 되게 불편하대. 막 땀도 차고 생리대도 자주 갈아야 하고. 아주 귀찮다던데."

저의 엄마는 한 번도 생리대나 월경혈에 대해 보여주거나 들려준 적이 없었기 때문에 저는 월경이 어떤 것인지 잘 몰랐습니다. 그래서일까요. 초경혈이 비쳤을 때 저는 병에 걸린 줄 알고 너무 무서워 끙끙 앓으면서 아무에게도 말하지 못했고, 첫 음모가 났을 때는 불결하다고 생각해 제거해 버렸던 기억이 납니다.

두 번째 성교육 강사는 중학교 친구였습니다.

"너네 여자한테는 다리 사이에 구멍이 세 개인 것 알아? 쉬 나오는 구멍, 똥 나오는 구멍, 피 나오는 구멍이야."

초경이 시작되었는데도 소변과 혈이 나오는 곳이 다르다는 것은 충격이 아닐 수 없었습니다. 아마도 제 성기를 제대로 관찰해보거나 여성 성기 외음부에 대해 배운 적이 없어서였겠지요. 학교에서 받은 성교육도 약간 기억이 나긴 합니다. 중학교 가정 시간에 생리 주기를 계산하는 것이 시험 문제에 나왔었어요. 난소 모양의 이미지가 어렴풋이 기억나지만 외음부를 공부한 적은 없었습니다.

세 번째 성교육은 고등학교 어느 수업 시간에 낙태 예방 비디오를 봤던 것이 전부네요. 사실 낙태 예방 학교 수업보다 강렬했던 것은 학교에 찾아와 여학생들에게 나눠준 홍보용 삽입형 탐폰 사용 설명서에 그려져 있던 여성 성기 그림이었습니다.

교육대학교에서도 한 번도 성교육에 관한 이론이나 교수학습법을 배운 적이 없습니다. 당연하지요. 국가 수준 교육 과정에 성교육이 없으니까요. 교육학 이론 중 프로이트의 '남근기' 정도가 성교육과 접점이 있다고 볼 수도 있겠네요. 그것 말고는 성과 관련된 교육을 받을 기회는 없었습니다.

⚇ 엄마가 알아야 할 성적 지식

임신 중, 초음파에 드러나는 남성 성기를 본 이후로 줄곧
저와는 다른 신체를 가지고 태어난 아들들을 기르며 성교
육에 대한 고민도 깊어졌습니다. 엄마 배 속에서 세상으로
나와 기저귀를 찬 순간부터 다른 성기를 가진 아기들에게
는 다른 종류의 케어가 필요하다는 것도 처음 알았어요. 여
아는 기저귀를 갈아줄 때 웬만하면 물로 잘 씻어주되 비누
로 너무 빡빡 닦으면 안 되고, 남아는 음경이 어느 정도 자
란 후에는 표피를 뒤집어가며 비누로 깨끗이 씻어줘야 한
다는 것부터 말이죠.

아이가 자라면서 성교육에 대한 관심사는 계속 변화하
게 마련입니다. 이때 양육자들은 부담스러운 성교육에 대
한 궁금증을 해결하기 위해 직접 강연을 듣기도 하고, 책을
들춰보기도 하고, 주변의 육아 동지에게 묻기도 합니다. 일
부 성교육을 '사교육'으로 해결하려는 분들도 계십니다. 얼
마의 수업료를 지불하고 강사를 모셔와 아이와 친구들을

그룹으로 한데 모아 성에 대한 지식을 배우게 하는 것이지요. 사교육도 좋습니다만, 한 가지 매우 아쉬운 점이 있습니다. 어린이나 청소년들로만 이루어진 팀으로 성교육을 받을 경우 일회성 특강으로만 이루어질 수밖에 없고, 단 몇 시간의 교육은 절대적으로 부족하다는 것입니다.

성교육은 안전 교육과 다를 바 없습니다. 우리는 안전 교육을 할 때 양육자가 아닌 타인에게 돈을 주고 일회성 수업으로 끝내지 않습니다.

대신 귀한 아이에게 늘 이야기해주죠.

"이건 뜨거우니까 맨손으로 만지면 안 돼."

"자전거를 탈 때는 꼭 헬멧을 써야 해. 머리는 중요해서 보호해야 하거든."

"길을 걸을 때는 차가 없는 쪽으로 다녀야 해."

"만약에 길을 가다가 차에 살짝 부딪힌다면 운전자를 그냥 보내줘서는 안 돼. 119를 불러달라고 말해야 해."

안전 교육은 아이를 지키는 가장 기본적이고 중요한 이야기이기 때문입니다.

초등학교에서 학생들을 가르치면서도 성교육의 중요성을 늘 뼈저리게 느꼈습니다. 아이들은 늘 성에 대해 궁금해하고 말하고 싶어 하는데 학교 교육 과정은 아이들의 발달과 미디어의 속도를 전혀 따라가지 못하고 있었으니까요.

쉬는 시간에 학생들끼리 뒤엉켜 성관계의 여러 체위를 흉내 내고 있을 때 제가 할 수 있었던 교육은 겨우 "그건 나쁜 행동이니까 하지 마!"라는 언어적 훈계뿐이었습니다. 성에 대해 어떠한 태도를 지녀야 하는지, 성적인 불쾌감을 유발할 수 있는 행위의 기준이 무엇인지를 교사인 저도 몰랐기 때문에 학생들을 다그치는 정도에서 머무를 수밖에 없었어요.

"선생님 섹스가 뭐예요?"라고 묻고 키득키득 웃는 학생들 앞에서 얼굴이 벌개져서 인상을 찌푸릴 수밖에 없는 것, "선생님, 학교에서 성교육을 해주셨으면 좋겠어요"라는 양육자들의 부탁에 멋쩍은 웃음을 지을 수밖에 없는 것 역시 마찬가지 이유였습니다. 학생들을 어떻게 가르쳐야 하는지에 대한 기준이 교사에게도 없었으니까요.

현재의 공교육의 모든 교실에서 동일한 수준의 성교육을 받는 것을 기대하기는 힘듭니다. 국가 수준의 표준 교육 과정이 없기 때문이에요. 그렇기 때문에 우리는 교사 개개인의 성인지 감수성에 기대거나, 사교육 시장을 이용할 수밖에 없는 현실입니다.

🏃 성교육의 새로운 대안, 포괄적 성교육

다른 교육은 몰라도 성교육은 어린이를 가까이하는 양육자 및 어른이 반드시 직접 해야 한다고 생각해요. 성교육을 다른 사람에게 맡겨서는 효과적으로 이루어질 수 없다는 이야기입니다.

　"다른 사람의 몸에는 경계가 있어. 존중해줘야 해."

　"싫다고 말하는 것은 진짜 싫은 거야."

　"누가 너의 속옷 안을 보여달라고 한다면 그건 불편하다고 표현해."

　"여성의 성과 남성의 성은 다르게 취급되어왔어."

　"성은 문화마다 온도 차가 다르단다."

　"티비에 나오는 저 장면은 가짜야. 어떤 사람들이 돈을 벌려고 자극적으로 만든 거야."

　이처럼 어른이 어린이에게 끊임없이 이야기해주고 상기시켜줘야 합니다.

　학교에 파견되어 오거나 사교육 시장에서 만나는 성교

육 특강 강사는 생활 밀착형으로 가르칠 수 없으니 수업 시간에 성기, 자위, 월경, 임신 등의 이야기에만 집중할 수밖에 없는 구조이지요. 제가 힘주어 드리고 싶은 말씀은 성교육이란 내용을 배우는 것이 아니라 '관점'을 배우는 교육이라는 것입니다. 그렇기 때문에 어린이가 어른과 떨어져서 배우기보다는 어른이 먼저 배워야 하는 것이에요.

어디부터 어디까지 어른이 먼저 알아야 할까 궁금하실 텐데요, 고맙게도 우리에게 딱 맞는 가이드 라인이 있습니다. 유네스코에서 발행하고 아하! 서울시립청소년성문화센터에서 번역 배포한 국제 성교육 가이드에 소개된 '포괄적 성교육'입니다.

> 포괄적 성교육CSE은 섹슈얼리티에 대한 인지적 · 정서적 · 신체적 · 사회적 측면에 대해 배우는 커리큘럼을 기반으로 한 교육 과정으로서, 아동과 청소년들로 하여금 자신의 능력(자신의 건강과 복지, 존엄성에 대한 인식 능력, 존중에 기반한 사회적 · 성적sexual 관계 형성 능력, 자신 및 타인의 복지에 미치는 영향을 고려한 선택 능력, 자신의 삶 속 권리에 대한 이해와 보호 능력)을 높일 수 있는 지식, 기술, 태도, 가치를 갖추도록 하는 데 목적이 있다.

　　개념이 다소 어렵게 느껴지실 수도 있지만 다음의 표를 보면 훨씬 쉽게 이해하실 겁니다. 포괄적 성교육의 핵심 개념, 주제, 목표에 대한 개요입니다.

핵심 개념 1 관계	핵심 개념 2 가치, 권리, 문화, 섹슈얼리티	핵심 개념 3 젠더 이해
주제 1.1 가족 1.2 친구, 사랑, 연인 관계 1.3 관용, 포용, 존중 1.4 결혼과 육아	주제 2.1 가치와 섹슈얼리티 2.2 인권과 섹슈얼리티 2.3 문화, 사회와 섹슈얼리티	주제 3.1 사회적으로 구성된 젠더와 젠더 규범 3.2 성평등, 고정관념과 편견 3.3 젠더 기반 폭력

핵심 개념 4 폭력과 안전	핵심 개념 5 건강과 복지를 위한 기술	핵심 개념 6 인간의 신체와 발달
주제 4.1 폭력 4.2 동의, 온전한 사생활과 신체 4.3 정보통신기술의 안전한 사용	주제 5.1 성적 행동에 대한 규범 및 또래의 영향 5.2 의사결정 5.3 대화, 거절 및 협상의 기술 5.4 미디어 정보 해독력과 섹슈얼리티 5.5 도움과 지원 찾기	주제 6.1 성, 생식기, 생리 6.2 임신 6.3 사춘기 6.4 신체 이미지

핵심 개념 7 섹슈얼리티와 성적 행동	핵심 개념 8 성 및 재생산 건강
주제 7.1 성, 섹슈얼리티, 생애주기별 성생활 7.2 성적 행동 및 반응	주제 8.1 임신, 임신 예방 8.2 HV와 AIDS 낙인, 돌봄, 치료, 지원 8.3 HV를 포함한 성매개감염병 위험 감소에 대한 이해와 인식

포괄적 성교육은 크게 여덟 가지 핵심 개념으로 이루어져 있습니다. 핵심 개념에 따른 하위 주제, 그리고 그에 다른 학습 목표를 제시합니다. 학습 목표는 학습자의 나이에 따라 5~8세, 9~12세, 12~15세, 15~18세 이상으로 구분되어 체계적으로 설명하고 있어요.

우리나라 교육 과정에는 학년별·과목별 성취 기준이 있습니다. '저학년 수학시간에는 수의 필요성을 인식하면서 0과 100까지의 수 개념을 이해하고, 수를 세고 읽고 쓸 수 있다' 같은 것 말이에요. 포괄적 성교육은 그와 같은 세부 목표를 안내하고 있다고 볼 수 있습니다.

포괄적 성교육에서 말하는 핵심 개념을 간단하게 살펴보겠습니다.

첫 번째 개념은 '관계'입니다. 인간은 혼자서 살아갈 수 없는 사회적 동물입니다. 올바르고 건강한 관계야말로 행복한 삶을 사는 데 꼭 필요한 요소이죠. 가족으로부터 시작되어 친구, 연인, 부부 등의 관계에서 무엇이 건강한 관계인지 설명하고 있습니다.

관계는 네 가지의 하위 주제를 가지고 있습니다. '가족', '친구/사랑/연인', '관용/포용/존중', '결혼/육아'입니다.

그중 '가족' 주제에서 가장 첫 번째 학습 목표(5~8세)는 '가족의 형태는 매우 다양하다'입니다.

15~18세 이상의 학습 목표는 이렇습니다.

'성적인 관계와 건강 문제는 가족관계에 영향을 미칠 수 있다.'

유아부터 알아야 하는 개념부터 청소년기에 인식해야 할 목표까지 분명히 제안하고 있습니다.

핵심 개념 2는 '가치, 권리, 문화, 성'입니다. 이 개념의 9~12세 학습 목표 중 '문화, 종교 및 사회는 성에 대한 우리의 이해에 영향을 미친다'가 눈에 띄는군요. 지리적·문화적 특징에 따라 성에 대해 다른 인식을 가지고 있다는 것을 우리는 잘 압니다.

핵심 개념 3은 '젠더 이해', 4는 '폭력과 안전', 5는 '건강과 복지를 위한 기술', 6은 '인간의 신체와 발달', 7은 '섹슈얼리티와 성적 행동', 8은 '성 및 재생산 건강'입니다. 보시다시피 우리의 안전한 생활을 위해 모두 조금씩 알아야 하는 주제들입니다. 이하 포괄적 성교육의 학습 목표는 방대하기 때문에 여기서 모두 다루지는 않겠습니다. 다만 성교육의 내용과 범위에 대해 고민이 있으시다면 한 번쯤 읽어보시기를 권합니다.

대한민국에서 그동안 인식되었던 성교육의 개념은 포괄적 성교육의 핵심 개념 6 '인간의 신체와 발달'에 집중되었다고 볼 수 있습니다. 성, 생식기, 생리, 임신, 사춘기, 신체 이미지 등의 내용입니다. 엄밀히 얘기하면 6번 개념에 대해서도 충분히 다루고 있지도 않습니다.

이제는 성교육에 대한 범위를 훨씬 폭넓게 인식해야 합니다. 진짜 중요한 것들은 빼고 신체와 성기에 대해서만 말해왔으니 부끄럽고 민망하여 모르는 사람에게 성교육을 맡기는 일이 생겼으니까요.

🏃 우리는 모두 성적인 존재

인간은 태어나면서부터 성적인 존재이며 죽을 때까지도 성적인 존재입니다. 성적으로 늘 변화하고 있으며 생애 주기별로 다른 특징도 가집니다. 또한 성이라는 것은 성기만 가지고 다뤄져야 하는 것이 아니라 문화와 사회 전반에 걸친 다양한 개념을 가지고 설명되어야 합니다. 예를 들어 '폭력은 물리적 폭력을 포함한 언어폭력, 정서적 폭력, 디지털 폭력 등 여러 갈래로 다루어질 수 있으며, 이 또한 문화적으로 발현 양상이나 처벌 강도가 다름'을 설명하고, 우리 사회에서는 폭력이 어떻게 인식되고 있는지를 알려주어야 합니다.

지금 당장 포괄적 성교육의 내용에 대해 자세히 공부하라고 드리는 말씀은 아니니 부담 갖지 않으셔도 됩니다. 우리가 성에 대해 불편하게 느꼈던 것은 우리 잘못이 아니라 사회의 분위기 때문이었던 것임을, 진정한 성교육이란 범위가 꽤 넓다는 것만 알아주셔도 이미 앞서가는 어른입니다. 물론 성에 대해 타인과 이야기하는 것이 아직은 불편하실 수도 있습니다. 괜찮습니다. 처음부터 능숙한 사람은 없으니까요. 작은 것부터 생활에서 이야깃거리를 찾아내고 올바른 관점으로 연결시켜 대화하는 연습이면 충분합니다.

성교육의 사전적 의미는 다음과 같습니다.

'성장기의 아이들에게 성에 관한 올바른 지식을 갖도록 하는 교육.'

이제는 성기 중심, 성관계 중심, 임신, 출산, 사춘기 중심

의 교육에서 벗어났으면 합니다. 그리고 저는 성교육을 새
롭게 정의하려고 합니다.

'우리는 모두 성적인 존재임을 인식하고, 생애주기별 몸과 마음의 변화를 알

아차리는 일. 건강한 관계를 맺고 행복한 삶을 사는 방법을 아는 것. 교육이

아닌 동행.'

성인지 감수성 자가 점검 체크 리스트[*]

다음 문항을 읽고 동의하는 말에 체크해보세요.

1. ☐ 남녀가 함께 근무하는 부서의 책임자는 남자가 되어야 한다.
2. ☐ 자격이 같은 남녀 직원 중 한 명만 승진할 수 있다면 남자를 시켜야 한다.
3. ☐ 평등을 주장하는 여성들은 의무를 다하지는 않으면서 사실상 특별 대우를 원한다.
4. ☐ 여자들은 지켜야 할 의무는 다하지 않으면서, 자신들의 권리만을 내세운다.
5. ☐ 여성이 술에 취해 돌아다니는 것은 남자보다 더 보기 흉하다.
6. ☐ 여자가 욕설이나 음담패설을 하는 것은 남자보다 보기에 더 좋지 않다.
7. ☐ 경제적으로 가족을 부양해야 할 책임은 여자보다는 남자가 더 크다.
8. ☐ 남자는 될 수 있으면 약한 모습을 드러내지 말아야 한다.
9. ☐ 재산을 딸, 아들 구별 없이 똑같이 물려주겠다.
10. ☐ 결혼한 딸에게도 아들과 똑같은 유산을 물려주게 하는 상속 제

도는 잘못된 제도이다.

11. ☐ 형광등 교체, 컴퓨터 점검, 무거운 짐 옮기기는 남자가, 요리, 빨래, 청소는 여자가 하는 것이 자연스럽다.

12. ☐ 명절 때, 장거리 운전과 성묘는 남자가 하고, 차례상 음식 마련은 여자가 하는 것이 공평하다.

9번을 제외하고 모두 체크하지 않은 경우 성평등 의식이 높은 것입니다.

＊ 한국여성개발원, 「개정 한국형남녀평등의의식검사 개발」 (한국여성정책연구원), 2018.

초등 입학 전,
편견의
씨앗을
없애주세요

'소중이'와 '고추'라는 단어, 적절할까요?

다음 단어들을 보고 공통점을 연상해보세요. 밑, 그곳, 짬지, 거시기, 쥬지……. 무엇을 의미하는지 대충 감이 오시죠? 성기(性器)를 에둘러 지칭할 때 사용하는 말입니다. 아이들뿐 아니라 어른들도 성기를 '성기'라 부르지 않고 은어로 대체하여 말하는 경우가 많습니다. 성에 대해 자연스럽게 이야기하지 못하는 분위기 탓에 우리 몸에 버젓이 있는 기관들이 제 이름으로 불리지 못하고 있는 것이겠지요.

성기는 때로 생식기(生殖器)와 혼용되기도 합니다. 여기서 짚고 넘어갈 점은 '생식'이란 '낳아서 불림'이란 뜻을 가지고 있는데요, 인간의 성기는 번식만을 위해 존재하는 기관은 아닙니다. 모든 인간이 생식만을 위해 태어난 것이 아니기 때문이에요. 타고나길 생식에 적합하지 않은 신체적 특성을 타고난 사람도 있고, 낳아서 불리는 행위를 본인 상황에 따라 선택하지 않는 이들도 있습니다. 따라서 '생식기'보다는 일상적으로 '성기'라는 표현을 쓰는 것이 자연스러워 보입니다.

가정에서 아이들의 성기 이름을 뭐라고 불러주시나요? 보통의 경우 여아에게는 '소중이', '잠지', 남아에게는 '고추'라는 표현을 많이 쓰시는 것 같습니다. 그렇다면 이 익숙한 표현들은 정말 정확한 명칭이 맞을까요?

성기를 부르는 여러 가지 명칭들의 뜻을 알아보려고 합니다. 먼저 요즘 여아들의 성기 별명 1위인 '소중이'는 사전적 뜻이 존재하지 않습니다. 그다음으로 자주 쓰이는 '잠지'는 남자아이의 성기를 완곡하게 이르는 말이고요. '보지'는 음부를 비속하게 이르는 말입니다. 음부는 무엇이냐면 '남녀의 바깥 생식 기관을 이르는 말'이라고 하네요. 비속어 중 하나인 '씹'은 여성의 성기를 비속하게 이르는 말인 동시에 성교를 비속하게 이르는 말입니다. '고추'는 어린아이의 조그맣고 귀여운 자지를 이르는 말이죠. '자지'란 음경을 비속하게 이르는 말이며 음경은 귀두, 요도구, 고환

따위로 이루어진 남자의 바깥 생식기관입니다.

성기의 명칭을 여러 가지 알아봤는데 눈여겨볼 만한 특징을 발견하셨나요? 그건 바로 여성의 성기만을 단독으로 지칭하는 단어는 존재하지 않는다는 것입니다. 그나마 가장 가까운 것이 음부 좌우의 앞에서 뒤로 뻗은 피부 주름을 뜻하는 '음순'이 되겠네요. 여성의 성기는 다리 사이 안쪽에 꽁꽁 숨어 있어서 잘 보이지는 않지만 분명 존재하고 있습니다. 하지만 제대로 된 명칭이 없는 이유가 궁금할 따름이지요.

서양에도 '바기나 덴타타(이빨 달린 질로 인한 거세 공포를 뜻하는 용어)'로 불리는 용어가 있긴 합니다. 또 아직도 여자아이에 대한 음핵 절제인 할례 풍습이 존재하는 곳이 있기도 하죠. 어느 문화든 여성의 성기에 대한 경외심이 존재했을 것이라고 미루어 짐작할 수는 있습니다. 그도 그럴 것이 평소에는 잘 보이지 않다가 주기적으로 피를 흘리고, 때로는 그 작은 곳에서 아이가 태어나곤 했으니 신비로우면서도 공포스러운 기관이었을 겁니다. 어찌 됐든 제대로 된 이름이 없다는 것은 여성으로서 꽤나 서운한 일이긴 합니다만, 아이들에게 성기를 알려줄 때는 어떤 단어를 사용하는 것이 좋을지에 대한 고민이 시급합니다.

여자아이의 성기를 가리킬 때 사용하지 않으셨으면 하는 표현은 '소중이'입니다. 성기가 소중한 것은 맞습니다. 그러나 한편으로 소중하다는 것은 매우 귀하기 때문에 '지켜야 하는 것'이라는 인식을 심어주기 쉽습니다. 즉, 소중이를 가진 여자아이에게 성에 대해 소극적인 태도를 심어줄 수도 있는 것이지요.

👫 성기는 의학적 용어로 지칭해주세요

우리가 눈이 아파서 안과에 간다고 떠올려봅시다. "제 반짝이가 아파서 왔어요"라고 하지 않습니다. 코 속이 아파 이비인후과에 가서 "제 킁킁이 안쪽이 불편하거든요"라고 하지 않는 것처럼 말이죠. 바꾸어 말하면 성기를 '소중이'라고 배운 아이가 자라서 산부인과 진료를 받게 되었을 때, 질 안쪽이 불편한 것인지, 외음부가 아픈 것인지, 방광염인지, 요도가 불편한 것인지 정확하게 설명하지 못할 수도 있습니다. 그냥 "소중이가, 제 밑이 아파서요"라는 부정확한 언어를 사용할 수도 있는 것이지요.

남아의 경우도 마찬가지입니다. 여성과 다르게 성기가 신체적으로 외부로 드러나 있다고 해서 함부로 언급하거나 덜 소중히 여겨서는 안 됩니다. 남자아이라고 놀이터에서 놀다가 아무 데서나 바지를 내리고 소변을 보게 해서는 안 됩니다. 이제는 "귀한 고추 함 만져보자"라고 시대에 뒤떨어진 발언을 하시는 분은 많이 안 계시겠지요? 남자아이들에게도 '고추'라는 표현보다는 조금 더 정확한 단어인 '음경'이라고 가르쳐주는 것이 좋습니다.

성기를 언급할 때는 의학적인 용어를 빌려와 쓰는 것이 현실적으로 적합할 것입니다. 유아 때부터 여자는 음순, 남자는 음경이 있다고 알려주시는 겁니다. 가정에서 정확한 용어를 사용해주신다면 "엄마는 왜 고추가 없어?"라는 잘못된 개념이 깃든 질문도 하지 않겠지요. 고추가 없는 것이 아니라 각자 성기가 다른 형태로 존재하는 것이니까요.

음순, 음경에서 조금 더 구체적으로 알려주시길 원한다면 외음부를 기준으로 하여 여성은 음핵, 외음순, 내음순, 질, 요도, 항문, 남성은 음경, 요도, 귀두, 음낭, 고환 정도로 설명해주시면 됩니다. 여기서 한 단계 더 똑똑해지길 원한다면 태아 시절에 여자와 남자 성기가 완전히 같은 기관이었다가 시간이 지나면서 다른 형태로 분화된 것이라는 사실도 알려주면 좋습니다. 이는 최영은 교수의 『탄생의 과학』이라는 발생학 도서에 자세히 나와 있으니 참고하시면 좋습니다.

아무 생각 없이 사용하던 단어를 조금 더 정확한 표현으로 대체하는 것이 별거 아닌 일로 보일 수도 있습니다. 그러나 언어의 밑바탕에 깔려 있는 잠재적 의미와 그 언어가 사용될 상황과 맥락까지 고려해본다면 커다란 긍정적 효과를 불러오는 가치 있는 일입니다. 처음에는 성기 명칭을 발화하는 어른들이 낯선 느낌을 마주할 수도 있습니다. 다행히도 어린이들은 어려운 단어든 쉬운 단어든 올바른 표현이라면 금방 받아들여주는 멋진 존재들이지요. '음순'과 '음경'처럼, 아이들의 소중한 성기를 존중하는 의미로 의학적 용어를 사용해서 불러주시는 것이 어떨까요?

아기는 어떻게 태어나는지
아직 설명 못 하셨다면

"나는 어떻게 태어났어?"

"아기는 어떻게 만들어져?"

아이들이 자라면서 흔히 묻는 질문입니다. 자신의 존재에 대해 인식하고 궁금증을 갖는 것은 너무나 자연스러운 일이지요.

하지만 이때 양육자의 마음속은 약간 혼란스럽습니다.

'애가 뭘 알고 그러나?'

'성관계에 대해 솔직하게 얘기해줘야 하는 건가?'

'이제 성교육을 시작해야 하는 때인가……'

여러 가지 고민에 휩싸입니다. 정작 부모인 우리는 생활 속에서 이루어지는 자연스러운 성교육을 받아보지 못했기

때문입니다. 지금 한창 아이를 키우는 양육자들이 같은 질문에 대해 들었던 답변은 아마도 "다리 밑에서 주워 왔지", "배꼽에서 나왔어", "새가 물어 왔어", "엄마랑 아빠랑 같은 방에서 자면 아기가 태어나는 거야" 같은 모호한 이야기였을 테니까요. 이런 대답이 철 지난 이야기라는 것은 다들 아시겠지요.

생명 탄생에 대해 이야기해줘야 하는 필요성에 대해서는 잘 아는데, 막상 입으로 설명하려니 어렵고 난감합니다. 그런 분들을 위해 적절한 설명의 흐름을 말씀드립니다. '짝짓기 – 인간의 난자와 정자 – 여성의 임신과 출산' 순서로 설명해주시면 됩니다. 듣는 아이의 연령과 언어 수준, 인지 수준에 맞추어주시면 더 좋습니다.

어디까지 이야기해줘야 할지 막연한 분들을 위해 세 가지 가이드라인을 드릴게요. 첫째, '오개념'을 이야기하지 않기. 둘째, 있는 그대로를 이야기해주기. 셋째, 아이의 언어 수준에 맞는 단어를 사용하기. 우리가 어렸을 때 들었던 잘못된 지식을 전달하지 않는 것이 중요합니다. '여자랑 남자랑 한 방에서 자면 아기가 생기는 거다', '엉덩이에서 아기가 나오는 거다' 등 어린이에게 혼란을 줄 수 있는 표현은 하지 않으셨으면 해요.

☺ 유아 대상 설명

"아기가 태어난다는 것은 정말 멋진 일이야. 두 사람의 아기 씨앗이 만나야 만들어지는 거거든. 엄마 아빠는 평소에는 떨어져 있지만 어떤 때에는 서로 꼭 붙어 있을 수도 있단다. 엄마와 아빠는 서로 사랑하는 마음을 가지고 힘을 모았어. 그랬더니 엄마와 아빠의 씨앗이 만나서 네가 된 거야. 네가 만들어진 것을 알았을 때 너를 낳기로 결정했고, 엄마 배 속에서 자란 네가 세상으로 나온 거야."

😊 초등 대상 설명

짝짓기 "모든 동물은 아기를 낳기 위해 짝짓기를 해. 인간도 넓은 의미로 동물에 포함된다고 할 수 있지. 너 역시 엄마와 아빠의 짝짓기를 통해 태어난 거야. 짝짓기를 한다고 언제나 아기가 생기는 것은 아니지만, 엄마 몸에 있는 아기 씨앗인 난자와 아빠 몸에 있는 아기 씨앗인 정자가 만나면 때에 따라 수정된 진짜 아기 씨앗이 생겨난단다."

난자와 정자 "여자는 태어날 때부터 난자를 갖고 태어나고 남자는 어른이 되면서 고환에서 정자를 만들어. 난자는 엄마 배 속의 자궁(포궁)에 있고 정자는 고환에서 음경을 통해 나와. 짝짓기를 통해서만 난자와 정자가 만날 수 있는데, 그것도 아주 운이 좋아야 가능한 일이야. 난자와 정자가 만나 만들어진 운 좋은 수정란은 엄마의 배 속에서 자리를 잡으려고 노력해. 이걸 착상이라고 하고, 착상에 성공한 운 좋은 수정란은 엄마 배 속에서 약 열 달의 시간 동안 자라게 돼. 그게 바로 너야."

임신과 출산 "아기가 엄마 배 속에서 자라는 동안, 엄마는 원래는 갖고 있지 않던 다양한 증상들을 경험해. 구토를 하기도 하고, 밥을 못 먹거나, 잠을 못 이루기도, 피부가 가렵거나, 병이 생길 수도 있어. 아기를 낳다가 많이 아프게 되는 경우도 있지. 한 생명이 태어나는 것은 그리 간단하지 않아. 엄마 아기 씨앗과 아빠 아기 씨앗이 적절할 때에 만나야 하고 수정란이 엄마 배 속에 잘 자리 잡아야 하며, 자라는 동안에도 별일 없어야 하고, 태어나는 순간에도 굉장히 많은 과정을 거쳐야 한단다. 그리고 아기가 세상으로 나올 준비가 되면 엄마와 의사, 간호사, 조산사 선생님 등이 힘을 합쳐 아기가 건강히 태어날 수 있게 하는 거지. 너는 그 엄청난 과정을 모두 거쳐서 태어난 정말 소중한 아이야. 이 세상의 모든 존재도 마찬가지지."

앞의 설명은 하나의 예시입니다. 어떤 분들에게는 위의 설명이 적나라하다고 느껴질 테고, 어떤 분들에게는 모호하다고 느껴지실 테지요. 성관계와 임신에 대한 개인의 인식과 경험이 모두 달라서 그렇습니다. 그러니 발화하는 주체가 편한 방식으로 조절해서 이야기해주면 됩니다. 시간과 여유가 되신다면 체외수정, 쌍둥이, 조산, 인큐베이터, 자연분만, 제왕절개 등의 내용까지 덧붙여 설명하셔도 좋습니다.

　난자와 정자와의 만남을 설명하실 때 주의할 점이 있습니다. 이전의 통념에 따르면 정자가 적극적으로 난자를 찾아 돌진하고 1등을 한 정자가 난자를 '쟁취'한다고 알려져 있었지만 실은 그렇지 않습니다. 오히려 적극적이고 능동적인 것은 난자로, 아주 작고 귀여운 정자가 커다란 난자 있는 곳까지 험한 길을 헤치고 올 수 있도록 호르몬을 내뿜고 여성의 질도 이를 위해 근육 운동을 한다는 것이에요. 정자가 능동적으로 난자를 찾아 떠나는 것이라기보다는 여성의 몸이 전체적으로 임신을 위해 노력을 하는 것입니다.

　우리는 난자를 동그란 공 모양, 정자를 꼬리가 달린 올챙이와 비슷한 이미지로 기억하고 있습니다. 하지만 정자를 난자와 함께 그림으로 표현한다면 올챙이처럼 그리기 어렵습니다. 왜냐하면 난자는 정자의 약 1,000배 정도의 크기를 갖고 있기 때문이에요. 놀라운 사실이죠. 만약 아이와 임신에 대한 그림책을 보시다가 난자와 정자가 비슷한 크기로 그려져 있다면 그것은 틀린 장면일 것입니다. 실제로는 아주아주 커다란 난자 옆에 작은 점과 같은 정자가 존재하는 것이지요.

회피나 방어는 금물입니다

양육자가 먼저 말해주기도 전에 "아기는 어떻게 태어나요?", "저는 어디에서 왔어요?" 같은 질문을 던지는 아이는 정말 멋진 아이입니다. 어른들 중에서도 자신의 존재에 대해 고민하고, 인간은 어디에서 와서 어디로 가는지 생각하지 않고 사는 사람도 많지 않습니까. 스스로 존재에 대한 고민을 하는 아이라니 얼마나 기특한가요.

그러니 아이가 질문을 하면 마음속은 당황스럽더라도 일단은 반갑게 맞아주고 칭찬해주세요. "어쩜 그런 멋진 질문을 했어?", "그게 궁금해졌구나. 우리 ○○이 많이 컸네", "아기가 어떻게 태어나는지 아는 것은 정말 중요해. 먼저 물어봐줘서 정말 고마워!", "이리 와서 함께 그림책을 읽고 얘기 나눠볼까?" 등등 멋진 말들이 많습니다.

마음의 준비는 되었으나 지식적으로 부족한 부분이 있다면 이렇게 말씀하셔도 됩니다. "미안하지만 조금 더 공부하고 설명해줘도 될까? 엄마도 그 부분에 대해서는 모르는 게 있어서 말이야" 하고 솔직하게요. 그 자리에서 당장 대답해줘야 한다는 부담감은 내려놓으셔도 좋습니다. 틀린 정보를 주는 것보다는 천천히 정확하게 설명해주는 것이 훨씬 효과적이니까요. 이렇게 중요한 질문에 대한 대답은 급하게 하지 않아도 되지요.

단, "너는 그런 거 몰라도 돼", "어디서 그런 말을 들었어?", "나가서 그런 얘기 하지 마", "엄마(아빠)한테 가서 물어봐, 나는 몰라", "네가 책에서 찾아봐" 등의 반응은 되도록 피해주시길 바랍니다. 아이의 질문이 아무것도 모르는 순수함에서 온 것이든, 자신의 지식을 한 번 더 확인하기 위함이든 양육자의 얼버무리는 태도는 성에 대해 부정적인 이미지를 심어줄 수 있기 때문입니다.

생명 탄생에 대한 질문은 양육자가 섹슈얼리티 멘토로 함께할 수 있도록 아이가 반갑게 열어주는 문입니다. 멘토와 멘티로서 돈독해질 수 있는 기회를 놓치지 마시고 편안한 대화를 가정에서 꼭 나눠보세요.

임신과 출산에 대해 설명하거나 책을 함께 보는 것이 부담스러우시다면 좋은 그림책을 아이들 앞에 놔두기만 하는 것도 좋아요. 양육자의 정확한 지식 전달보다 중요한 것은 성에 대한 자연스러운 태도입니다.

생명 탄생에 관한 그림책 추천

✿ 『엄마가 알을 낳았대』 배빗 콜

: 임신과 출산에 대한 과정을 귀엽고 재치 있는 그림으로 표현했어요.

✿ 『아기는 어떻게 태어날까요?』 프랑수아즈 로랑 글 | 세바스티앙 슈브레 그림

: 과학 그림책에 가까워요. 임신했을 때 엄마의 몸이 어떻게 변화하는 지, 체외 수정과 제왕절개에 대해서도 설명해줘요.

✿ 『자꾸 마음이 끌린다면』 페르닐라 스탈펠트

: 모든 종류의 사랑에 대해서 친절하게 안내해주는 어린이 철학 그림책 이에요.

✿ 『아기가 어떻게 만들어지는지에 대한 놀랍고도 진실한 이야기』 피오나 커토스커스

: 성기의 명칭에 대해 올바르게 설명해줌으로써 우리 몸을 소중하게 대 할 수 있도록 도와주는 책이에요.

여자아이는 태어날 때부터
긴 머리였나요?

"어?! 웬일로 여자 친구도 왔네."

다섯 살 유치원생이었던 아이를 처음 축구 교실에 보내던 날이었습니다. 귀 밑까지 오는 단발머리를 찰랑이며 뛰어다니는 친구를 보고 몇 어른들의 입에서 가볍게 튀어나온 말이었어요. 새로 시작하는 교육에 적응하는 시간이 필요한 터라 아이들 수업하는 모습을 보호자가 함께 지켜봐야 했거든요. 그때, 단발머리 아이의 엄마가 말씀하셨어요.

"아, 여자애가 아니라 남자예요."

이런 경우도 있었습니다.

지인의 고양이를 만날 일이 있었는데 고양이의 얼굴선이 뚜렷하고 외모가 빼어난 거예요.

저도 모르게 감탄을 하며 말했어요.

"고양이가 진짜 잘생겼어요. 수컷이죠?"

이내 대답이 돌아왔습니다.

"얘는 암컷인데, 참 잘생겼죠? 고양이는 얼굴만 보고는 성별을 판단하기 어려워요. 그런데 아마 고양이뿐 아니라 사람도 그럴걸요?"

아차 싶었습니다. 외모만을 가지고 성별을 판단하는 일이 너무 자연스러워서 그러한 선입견을 동물에게까지 적용하고 있는 저 자신을 발견했으니까요.

만약, 우리에게 이러한 미션이 주어진다면 어떨까요?

'등굣길에 학교로 향하는 학생들을 보고 여학생과 남학생을 구별해내시오.'

우리는 아마 머리카락 길이, 옷의 형태, 가방의 색깔, 교복이 치마인지 바지인지 등의 기준을 가지고 성별을 구분할 것입니다. 단발머리, 긴 머리, 묶은 머리 등이 여학생들의 보통 스타일이고 귀가 보이도록 짧게 자른 것이 대개의 남학생 모습이니까요.

그렇다면 이번에는 갓난아기가 태어난 순간을 떠올려

봅시다. 쭈글쭈글한 피부와 함께 머리카락이라고 부르기도 어려운 솜털들이 두상이 드러나도록 딱 달라붙어 있어요. 어떤 아기들은 그마저도 몇 가닥 없기도 합니다. 여자아이든 남자아이든 마찬가지죠.

이러한 듬성듬성 스타일은 돌에서 두 돌까지 이어지는데, 이 시기 외출할 때 여자 아기들의 머리에는 핑크색이나 레이스로 만들어진 머리띠가 얹혀 있기도 해요. "장군감이네! 잘생겼다"라는 지나가는 어른들의 원치 않은 평가를 미연에 방지하기 위해서요. 하지만 남자 아기들은 파란색 머리띠나 축구공이 있는 핀 따위는 하지 않아요. 남자 아기라고 드러낼 필요가 별로 없을뿐더러 "예쁘네. 딸이야?"라고 물으면 웃으면서 아들이라고 답하면 되거든요.

여자 아기가 머리띠가 불편하다고 잡아 뗄 수 있게 되거나 하기 싫다고 언어로 표현할 쯤에는 대개 머리카락을 길러주게 됩니다. 그게 우리가 생각하는 여자아이의 기본 모습이니까요. 반면, 남자아이들은 수시로 미용실에 가서 머리를 다듬어주지요. 똑같은 날에 함께 태어난 아이들 쌍둥이 남매의 모습에서도 이와 같은 성별 고정관념을 발견할 수 있습니다.

온라인 육아 커뮤니티에 이러한 고민이 올라오는 것도 비슷한 현상입니다.

'딸인데 눈이 안 이뻐요. 크면 쌍꺼풀 수술 시켜줘야겠죠? 성형 수술비 마련을 위해 적금을 들어놔야겠어요.'

그리고 이런 댓글들이 우수수 달립니다.

'저희 집도요ㅠㅠ 하필 아빠 눈을 닮았네요.'

'우리 애는 얼굴형이 안 이뻐요.'

'크면 생길 수도 있으니 기다려보세요.'

'요즘은 외꺼풀이 유행이라 외꺼풀도 예뻐요.'

'중학교 방학 때 많이 한다는데 저도 그렇게 할 거예요.'

아무도 '아기한테 얼평이라니요. 외모 평가 하지 말아요'라는 발언은 하지 않습니다.

아무래도 보이는 것에 대해 중요한 가치를 매기는 사회니까 이런 고민도 자연스럽다고 생각할 수 있습니다. 그런데 이상하게도 '아들이 코가 낮은 것 같은데 아무래도 수술 시켜줘야겠죠? 남자는 코가 생명이잖아요'라는 대조적인 고민은 보이지 않는군요.

어린이·청소년의 외모를 보며 특정 부분이 더 나았으면 보기 좋겠다 판단하는 것은 매우 위험합니다. 아이들은

계속 자라는 중이며, 외모라는 것은 절대적으로 평가할 수 있는 성질의 것이 아니기 때문이에요. 특히 어른이 아이에게 "너는 눈만 더 크면 예쁠 텐데"라고 언어로 평가하는 것은 존재에 대한 아쉬움을 드러내는 표현이니 자존감만 망가뜨릴 뿐입니다. 가장 큰 문제는 외모에 대한 평가가 여자아이에게 더욱 두드러진다는 것이에요.

우리 사회에서 성인지 감수성이 부족한 부분이 단적으

로 드러나는 것이 여성에 대한 외모 품평입니다.

다음 명제들을 듣고 어색한 느낌이 드는 것을 골라보세요.

여자는 기왕이면 예쁘면 좋다.

사람은 기왕이면 예쁘면 좋다.

'여자'가 주어로 들어가면 그럴듯한데 '사람'이 주어로 쓰일 때는 이상하다고 여겨지지 않으셨나요? 어떤 문장이 맞는 말인지 점검하려면 '여자', '남자' 대신에 '사람', '인간'을 집어넣어도 성립하는지 살펴보면 쉽습니다.

다음 문장은 어떨까요.

키 작은 남자는 쓸모없어.

키 작은 인간은 쓸모없어.

그렇다면 '예쁘다', '멋지다'는 것은 객관적이고 절대적인 가치일까요? 그렇지 않습니다. 예쁘고 멋진 것은 단지 느낌일 뿐이지 어떤 항목을 평가한 결과 값이 아니기 때문입니다. '예쁘다'는 평가는 여성이나 약자에 대한 성적 대상화로 이어지기도 합니다. '성적 대상화'란 특정 주체의 성적인 욕구를 만족시키기 위해 상대방의 인간성이 사라지고 사물이나 대상, 물건의 형태로 재현되는 것을 말합니다.

"엄마, 저 누나는 왜 찌찌를 보이게 하고 있어?"

지하철 스크린 도어에 크게 걸린 게임 광고 속 여성의 모습을 보고 아이가 한 말입니다. 그 여성은 참으로 기괴한 옷차림을 하고 있었어요. 무기를 들고 있는 것으로 보아 분명 싸움을 하는 전사로 보이는데 갑옷이 가슴 부분만 가려주지 않은 것이지요. 골이 훤히 드러난 가슴은 얼굴보다 크게 묘사되기도 합니다. 각선미를 뽐내는 듯한 짧은 하의는 세트로 등장합니다.

만약 광고에 등장한 그 사람이 진짜 싸움을 잘해야 하는 역할이라면 신체의 모든 부위를 보호하는 옷을 입고 있었을 것입니다. 여성의 가장 취약한 부위 중 하나인 가슴을 드러내는 일은 없었겠지요. 또한 실제와 다른 가슴 크기의 묘사와 매끈한 허벅지와 종아리에 대한 그림은 보는 사람으로 하여금 이러한 편견을 갖게 합니다.

'여자라면 모름지기 풍만한 가슴이 매력 포인트지.'

'어떤 직업을 가지든 가슴골과 예쁜 다리가 중요해.'

'여성은 불룩한 종아리 근육 없이 마르고 매끈한 다리를 가져야 해.'

'잘록한 허리가 여성성을 상징해.'

광고에 등장하는 캐릭터는 여성 외모에 대한 이상향을 극단적으로 드러낸 예시입니다. 인간 중에 그러한 몸을 가진 사람은 실제로 존재하지 않지요. 광고뿐 아니라 각종 미디어에서도 과도하게 연출된 여성의 몸을 자주 볼 수 있습니다.

같은 맥락에서 한 스포츠 브랜드의 광고 모델인 유명 스포츠 스타의 화보가 화제가 된 적이 있습니다. 그 선수는 다년간의 훈련으로 전신 근육이 탄탄하게 발달된 신체를 가지고 있었습니다. 다리를 많이 썼던 선수의 종목 특성상 종아리 근육도 멋지게 도드라져 있었는데요. 희한하게도 짧은 바지를 입고 찍은 화보의 원본과 실제 홍보 자료로 쓰인 사진이 크게 차이가 있었습니다. 다리를 구부릴 때마다 불뚝 솟아오른 그의 종아리 근육이 포토샵으로 제거되어 있었던 거예요. 세계 1위 스포츠 스타의 여름 화보에 남은 것은 훈장처럼 멋진 종아리 근육이 아니라 인위적으로 만들어진 매끈한 각선미였습니다. 물론 이 선수는 여성입니다.

대상화는 이렇게 왜곡된 시선을 만들어냅니다. 개인이 가진 특성에 집중하는 것이 아니라 보고 싶은 대로 보려는, 원하는 대로 만들려는 의도가 투영되고 맙니다. 우리가 왕성하게 활동했던 스포츠 스타에게 바라는 모습은 본업에 충실했던 멋진 모습이지 성별에 따라 다르게 그려지는 전형적인 이미지가 아니지 않나요?

👫 외모 평가에서 자유로운 사람은 없습니다

이러한 성적 대상화가 허용되는 세상은 대개 여성에게 유해하지만 남성에게도 부정적 영향을 미칩니다. 남성들이 여성을 바라볼 때 자기도 모르게 이상적인 외모를 기준으로 사람을 평가하게 될 수 있기 때문입니다. 또한, 모든 남성이 여성의 몸을 성적 대상화하여 생각하고 있지 않음에도, 미디어가 표현한 방식에 간접적으로 동의하는 사람으로 비춰질 수도 있습니다.

"너는 턱을 좀 고치는 게 나을 것 같아. 병원 좀 알아봐."

"종아리만 좀 더 슬림하면 치마 입을 때 예쁠 텐데."

직장 내 성희롱 고충 센터에 접수된 발언이 아닙니다. 제가 교육대학교에 다닐 때 남학우들에게 직접 들은 이야기들이에요. '미래에 교사가 될 사람들이 어찌?'라고 생각하실 수도 있겠지만 그 당시 트렌드가 그랬습니다.

몇 년 전 이슈가 되었던 유명 대학의 단톡방 성희롱 사건이나 성폭행 사건을 봐도 알 수 있습니다. 공부를 잘하는 대학생이라고 해서, 사회적으로 지위를 가지고 있는 집단이라고 해서 성인지 감수성도 뛰어난 것은 아니라는 것을요. 교육대학교도 마찬가지였습니다.

여학우들에 대한 외모 평가는 입학 전부터 SNS 프로필 사진에서부터 시작되었고 수업 시간, 동아리 활동, 팀 과제 수행 시 언제 어디서든 이루어졌어요. 물론 여학우끼리도 점수 매기기는 자연스레 이루어졌습니다.

"너는 5킬로만 더 빼면 예쁠 텐데. 그치?"

평가에서 자유로운 사람은 한 명도 없었습니다. 각 과에서 가장 예쁜 여학우로 뽑혀서 소문이 난 그들까지도요. 이러한 평가를 나눴던 학생들이 나쁜 인성을 가져서는 아니었습니다. 그때는 그래도 되는, 그렇게 해야 하는 분위기

였기 때문에 아무런 문제 인식 없이 외모 평가 발언을 했던 거죠.

외모 평가를 수없이 들은 여학생들이 향한 곳은 어디였을까요? 식이조절 약을 받기 위해 유명하다는 의원을 찾아가고, 헬스장에서 살을 빼기 위해 운동을 했으며, 시시때때로 건강을 해치는 초절식을 하고, 긴긴 방학이 끝나면 어딘가 조금씩 달라져서 돌아오곤 했습니다. 그런 시도들이 좋은 교사가 되는 데 영향을 미치는 유용한 자기 계발은 아니었을 겁니다. '참교사'가 되기 위한 수련이었다면 남학우들도 함께 동참했을 테니까요. 여학생들의 선택은 과도하게 요구되는 외모 압박을 피하지 못한 수동적 수행이었을 뿐이지요.

'같은 값이면 다홍치마라는 말도 있는데, 이왕이면 예쁜 것이 좋지 않나요?'라고 물으실 수도 있습니다. 물론 보기 좋은 것은 인간을 행복하게 합니다. 저 역시도 아름다운 것을 좋아해요. 하지만 그 요구 대상이 인간, 특히 어린이가 되어서는 안 된다고 생각합니다. 아이들은 누군가를 기쁘게 하기 위해 태어난, 보기 좋으라고 있는 존재들이 아니니까요.

인간은 어떻게 태어났든 존중받아야 함에 동의하신다면 지금부터는 외모에 대해 평가하는 말을 하지 않으셨으면 해요. 외모는 우리가 태어날 때 스스로 선택한 것이 아니니까요.

> ### 우리 아이, 외모 평가에 얽매이지 않는 어른으로 키워주세요

1. "예쁘다", "잘생겼다" 등 특정 성별에 자주 쓰이는 말 대신 모두에게 할 수 있는 칭찬의 언어를 사용해요.("넌 참 멋져." "기특해." "너의 존재 자체가 정말 소중해." "너는 정말 사랑스러운 아이야." "오늘 차림새가 잘 어울리는구나!")

2. "너는 여기만 고치면 더 예쁘겠다(낫겠다)" 등의 평가하는 발언은 절대 하지 말아요. 아이의 자존감에 큰 상처를 줘요. 외모 칭찬은 진정한 칭찬이 아니에요. 그저 평가에 불과합니다.

3. 머리카락 길이의 장단점에 대한 이야기를 나누어보고 편안하고 청결한 스타일을 스스로 선택하게 해요. 그림책 『코끼리 미용실』을 함께 읽어봐도 좋아요.

4. 연예인처럼 남들에게 보이는 직업이라고 함부로 평가해서는 안 돼요. 일상 속에서 부모가 먼저 본보기가 되어주세요. "예쁘다", "늙었다", "못생겼다" 대신 "저 사람은 연기를 참 잘해", "역시 노래하는

모습이 감동이다"처럼 겉모습보다 그 사람의 본질에 집중하는 표현을 자주 들려주세요.

5. 아이가 미디어에 등장하는 사람을 따라하려 한다면 이렇게 설명해 주세요.

"저 사람들은 보이는 것이 중요한 직업이기 때문에 가꾸는 것이 일이고 그것으로 돈을 벌어. 우리와는 다르지. 하지만 그들도 카메라가 꺼지면 평범한 일상으로 돌아가. 그러니 보통 사람들이 티비에 비친 사람들 모습을 따라 할 필요는 없어. 만약 더 멋져 보이기 위해 건강을 해치거나 일상생활이 힘들어지고 있다면 그건 더더욱 너를 위한 일이 아니야."

6. 다른 어른이 우리 아이에게 외모 평가 하는 말을 했다면, 집에 돌아와서 꼭 설명해주세요.

"아까 그 어른이 너보고 예쁘다(잘생겼다)고 했던 건 칭찬의 의미로 하신 말이야. 예전에는 그게 다른 사람을 기분 좋게 하는 말이라고 생각했거든. 그런데 이제는 세상이 변해서 외모 칭찬은 무례한 말로 취급될 수 있어. 그분이 몰라서 그러신 거니까 우리끼리 이해하자."

여자색, 남자색은
이제 그만!

봄과 새 학기가 시작되는 3월, 아이가 다니는 유치원에서 단체 운동복을 지급한다는 소식이 들렸습니다. 무엇을 주시든 고생하시는 선생님들께 늘 감사하는 마음이지만, 한 가지 작은 바람이 있었어요.

'제발 여자 핑크, 남자 파랑만 아니었으면.'

하지만 아쉽게도 며칠 뒤 아이는 여아용 핑크색, 남아용 파란색 운동복으로 나뉜 옷을 들고 왔습니다.

선생님의 잘못은 아닙니다. 의류 업체에서 이미 그렇게 컬러를 뽑아서 만들어놨기 때문에 자연스럽게 선택하실 수밖에 없으셨을 거예요. 저 역시 성인지 감수성을 모를 때는 학급 학생들에게 학습 준비물을 나누어줄 때 공책, 줄넘기, 지우개 등 작은 물건들을 성별에 따라 쥐여주곤 했으니까요.

예쁜 하늘색 체육복을 입고 유치원에 갈 때 아이의 얼굴은 늘 밝습니다. 즐거운 신체 활동이 기다리고 있는 날에만 체육복을 입고 가니까요. 하지만 제 마음 한구석에는 약간의 걱정이 드리웁니다. 같은 색 옷을 입은 어린이들끼리 줄을 서는 일이 잦을 텐데, 여아와 남아가 서로를 바라볼 때는 다른 옷을 입은 것을 시각적으로 느낄 텐데…….

🏃 빨간색 하트는 모두의 것

아이가 좋아하는 양말이 있습니다. 연한 오트밀색 바탕에 발목 쪽에 작은 빨간색 하트가 그려져 있는 디자인이에요. 어린이에게 어울리는 양말을 신고 놀이터에서 신나게 놀고 있을 때였어요.

가끔 같이 어울리는 한 살 많은 동네 아이 A가 다가와 말했습니다.

"그거 여자 양말인데. 너 여자 양말 신고 있네."

"이거 여자 양말 아닌데. 나는 남자인데."

"빨간색 하트는 여자 거잖아."

"그건 편견이야."

그때, 조금 떨어져서 아이들을 지켜보던 A의 엄마가 말했습니다.

"맞아, 그거 편견이야. 색깔에 남자, 여자는 없어."

두 어린이는 짧은 대화를 잘 마무리한 듯 다시 신나게 놀았어요.

모든 상황을 지켜만 보고 있던 저는 어린이가 말한 '편견'이라는 단어가 짧은 순간에 꽤나 강력한 힘을 발휘한다는 것을 느꼈어요. 그리고 아이의 말을 귀담아들어주고 인정해준 A의 양육자분께 깊은 감동을 느꼈습니다. 한 살 어린 동생의 말을 듣고 빨간 하트 양말이 여자 양말이 아닐 수도 있음을 받아준 아이에게도 고마웠어요.

하루아침에 색깔과 성별에 대한 고정관념이 바뀌지는 않겠지만, 그 작은 아이의 세계관에 조금이라도 균열이 생긴 것은 대단한 변화였을 테니까요. 아마도 그 아이는 앞으로 색연필로 그림을 색칠할 때, 문구점에서 물건을 고를 때, 옷 가게에서 옷을 구경할 때 이전과는 조금 다른 생각을 할 수 있겠지요.

'그런데 핑크나 빨강은 예전부터 여자들이 좋아하는 색

이 맞지 않나요?' 하고 궁금해하실 수도 있어요.

유럽의 합스부르크 가문의 수집품을 모아놓은 전시를 아이들과 함께 관람한 적이 있습니다. 그곳에서 흥미로운 작품을 발견했어요. 중세 시대에 기사들이 입었던 갑옷인데요. 어떤 갑옷의 하의는 튤립 스커트처럼 아름다운 곡선을 그리고 있었어요. 선홍색의 프릴처럼 보이는 리본 장식이 엉덩이 뒷부분에 달린 갑옷도 있었어요. 위대한 음악가 모차르트의 초상화를 떠올려봐도 허리가 잘록한 빨간 코트를 입고 꼬불거리는 가발을 쓰고 있다는 것을 알고 계실 겁니다.

결국 패션이나 미의 기준은 시대와 문화에 따라 달라질 뿐 절대적인 것이 아니라는 것을 알 수 있어요. 우리의 성인지 감수성은 '원래부터 그런 것은 없다', '우리가 알고 있는 지식은 사회적인 산물이다'를 인식하는 데에서 출발합니다. 우리가 알고 있던 것이 고정관념에서 기인한 것임을 깨달았다면 그다음에는 실천하는 방안을 탐색해보는 것이 자연스럽습니다.

간혹 이런 말씀을 하는 분도 계십니다.

"저는 남자애한테도 핑크를 사주거든요."

"우리 집은 성평등한 가정이에요. 남편이 설거지를 하거든요."

이런 이야기는 반은 맞지만 반은 틀립니다. 개인들이 성별 고정관념을 인식했다는 점에서는 매우 훌륭합니다. 그렇지만 개인의 개별적인 행위만으로 모든 고정관념이 사라졌다고 인식하는 것은 조금 위험해요. 우리가 인지해야 하는 것은 구조적인 문제이지 특수한 개별 경험이 아니기 때문입니다. 저는 아이들에게 젠더리스한 물건을 사주려고 노력하지만, 그렇다고 이 세상에 성별 고정관념이 사라졌다고 생각하지 않거든요.

주변을 둘러보세요. 원래부터 그랬으니까 자연스럽다고 여겼던 것 중에서 사회적 편견이 들어간 현상들을요. 사람들의 말 한마디, 광고의 멘트, 책의 삽화, 마트 진열대의 물건, 사람들의 옷차림 등등. 그리고 이전에 그래왔던 것을 깨는 사람들의 모습도 살펴봅시다. 치마를 입고 공식 석장에 나타난 남성 방송인이나 뉴스에서 넥타이에 수트를 입고 진행한 여성 앵커처럼 변화를 이끌어가는 사람들이 있어요. 여러 사람의 작은 움직임이 모여서 상식의 기준을 바꿔놓으면 우리 아이들의 다채로움이 더욱 존중받는 세상이 금방 올 거라고 생각합니다.

인식의 변화를 돕는 그림책 추천

✿ 『메리는 입고 싶은 옷을 입어요』 키스 네글리

: 예전에는 여자가 치마를 입지 않으면 경찰서에 끌려갔대요. 정말 놀랍죠? 실존 인물 메리의 이야기를 통해 당시 성별에 규정되던 엄격한 분위기를 살펴봐요.

남아 소변기가
반드시 필요할까요?

코로나19로 인해 집 안에서 생활해야 하는 시간이 늘어났던 지난 3년, 인테리어 업계는 때 아닌 호황기였다고 합니다. 실내에 있는 시간이 늘어나다 보니 조금 더 편안하고 아름다운 집에 머물고 싶은 욕구가 커지고 이것이 집 안 수리 유행으로 이어진 것이죠.

실내 인테리어 의뢰가 증가하면서 이러한 질문들이 늘었다고 해요.

"가정집에 남아 소변기 설치해도 되나요?"

화장실 개조 공사의 일부로 남성용 소변기를 추가 설치하는 것을 고려하기 시작한 겁니다. 저도 남아 두 명의 기저귀를 벗기 위한 배변 훈련을 하면서, 서서 소변을 보게 하는 장난감 소변기 구매를 고민해본 적이 있어요. 인테리어에서 소변기 설치를 고민하는 분들도 편리성을 위해 고려해본 것이 아닐까 짐작됩니다.

그도 그럴 것이 어린이들이 어린이집, 유치원 등 기관에서 공동생활을 하게 되면 화장실에 남아용 소변기가 설치되어 있는 것을 접하게 됩니다. 이처럼 자연스럽게 여겨지는 시설에 대해 의문을 던져보려고 해요.

'과연 남성에게 소변기가 반드시 필요한 걸까요?'

초등학교에 다니는 아이가 어느 날 이렇게 말하더군요.

"엄마, 학교 남자 화장실은 좀 더러워."

"왜?"

"애들이 조준에 실패하고 장난도 쳐서 바닥에 오줌이 흥건하거든."

"그럼 안에 들어가서 양변기에 싸는 건 어때?"

"그러면 애들이 똥 싼다고 놀리잖아."

평생을 여성용 화장실만 이용해봤기 때문에 남성들이 어떤 환경에서 화장실을 이용하는지 몰랐다가, 아이들이 커가며 기관 생활을 하는 것을 보고 화장실의 상태에 대해 간접 경험을 하게 되었어요. 또 마트나 백화점에 아이들하고만 갔을 때 문앞에서 기다리다 아이가 소변기로 쪼르르 달려가 바지를 내리고 볼일을 보는 것을 알았어요. 때로는 제 아이뿐 아니라 모르는 남성분의 지극히 개인적인 모습까지 의도치 않게 목격하는 일도 있었습니다. 보통은 남성용 화장실이 바깥쪽에 있고 소변기도 문과 가까운 쪽에 있기 마련이니 아이들을 기다리다가 보고 싶지 않아도 낯선 분의 볼일 보는 모습을 보게 되는 다소 죄송한 일을 겪기도한 거죠.

그러다 보니 궁금증이 생겼습니다. 여성이야 신체 구조상 서서 소변을 볼 수 없기 때문에 소변기를 설치하지 않는다고 치지만, 남성들은 앉아서도 소변을 볼 수 있는데 왜 꼭 소변기가 설치되어 있을까?

효율성에 가린 자아존중감

소변기의 장점이야 간단합니다. 귀찮게 바지와 속옷을 전부 내리고 앉는 행위 없이 서서 옷 앞부분만을 내리고 볼일을 보면 훨씬 간편하니까요. 그리고 요즘 소변기들은 자동으로 물도 내려가기 때문에 별다른 조작 없이 일만 보면 됩니다. 이뿐인가요. 소변기는 벽에 여러 대가 주르륵 설치되어 있으므로 한꺼번에 여러 명이 볼일을 볼 수 있습니다. 엄청난 효율성이죠.

단점은 아무래도 위생 문제 같아요. 남성이 소변을 배출할 때 신체 구조상 높낮이에 의한 낙차가 발생하는데, 그로 인해 오줌이 변기 바깥으로 튈 수도 있고 자신에게 묻을 수도 있습니다. 소변기 옆에는 휴지가 없으니 휴지로 남은 오줌을 닦을 수도 없고 오줌이 남아 있는 신체 기관을 손으로 탈탈 터는 것이 가장 쉽지요. 그뿐 아니라 가정 양변기에 서서 소변을 보면 변기에 담긴 물에 오줌이 닿아 튀어서 가까이에 있는 수건, 세면대, 칫솔에도 세균이 어마어마하게 달라붙는다고 합니다.

공중화장실에는 소변기가 있지만 가정에는 없는 이유, 이것에 대한 궁금증 때문에 관련 법률을 찾아보았습니다.

제7조(공중화장실 등의 설치 기준)

① 공중화장실 등은 남녀 화장실을 구분하여야 하며, 여성 화장실의 대변기 수는 남성 화장실의 대·소변기 수의 합 이상이 되도록 설치하여야 한다.

이러한 근거를 마련한 이유는 화장실에서 여성들의 체류 시간이 길기 때문이라고 해요. 경험적으로도 지하철, 공연장, 쇼핑몰 등 공공시설에 가보면 남성에 비해 여성 화장실 앞에 줄이 길게 늘어서 있는 것을 쉽게 볼 수 있어요. 이 때문에 여성 화장실을 좀 더 넓게 만든다는 등의 조치는 합리적이라고 생각합니다.

문제는 공간의 효율성을 중시하다 보니 남자 어린이들도 같은 환경에 노출될 수밖에 없다는 것이에요. 유아 때부터 모든 아이는 '내 몸은 소중해'라는 명제를 배웁니다. 그러다가 어린이집이나 유치원 화장실을 가면 여아들은 칸칸에 문이 달린 화장실로 들어가고, 남아들은 서로의 속옷과 엉덩이와 성기가 보일 수 있는 소변기 앞에 섭니다. 분명 속옷 안에 있는 신체 기관은 내 몸에서 더욱 소중한 곳이라고 배웠는데, 가장 엄격하게 사생활이 보호되어야 하는 곳에서 친구들과 함께 속옷을 내리게 되는 거죠. 놀이터에서 유아들이 놀다 보면 종종 바지를 내리고 '나무에 물을 주는' 행위가 남아들에게 더욱 빈번하게 일어나는 것도 비슷한 맥락이라고 보입니다.

공간의 효율성을 남성 화장실이 책임지다 보니 아직은

보호받아야 할 남성 어린이들에게도 효율성을 강요하는 현상이 벌어진 것 아닐까 의문이 듭니다.

제가 학생이자 교사로 경험한 화장실 역시 어린이와 청소년들에게 그다지 편안한 공간이 아닙니다. 차갑고 푸르스름한 타일, 청결하지 않고 자주 고장 나는 변기들, 삐그덕대는 문, 더러운 휴지통, 변기에 앉아도 위쪽 틈을 통해 새어 나가는 소리까지. 그중에서도 남성용 화장실은 가장 사생활 침해적인 공간이 아닐까 생각해요. 한창 자아에 대한 탐색이 시작되고 자기 신체에 대한 권리를 깨닫는 시기에, 짧은 쉬는 시간에 효율적으로 원치 않는 타인과 함께 바지를 내리고 소변을 봐야 하니까요. 양변기가 있는 칸을 사용하려면 '학교에서 똥을 싸는 아이'라는 낙인까지 감수해야 하는 불편한 일이 됩니다.

앞서 언급했듯 성인지 감수성은 한쪽 성별만을 위한 것이 결코 아니에요. 성에 관한 모든 편견을 없애는 일이지요. 성은 모두에게나 소중하고 지켜줘야 하는 것이라고 가르치면서 정작 남아들에게는 그러한 경험을 선물하기 어려운 환경이 문제입니다. 모르는 사람 앞에서 바지를 내리고 소변을 보는 환경에서 타인의 경계에 대한 존중을 배울 수 있을까요? '여자들은 문이 있는 안전한 칸에서 볼일을 보는데 왜 우리는 함께 벽에서 볼일을 봐야 해?'라고 생각할 수도 있지 않을까요.

학교에서 도서관, 영어실, 과학실을 리모델링하기에 앞서서 화장실부터 어린이를 존중하는 공간으로 만들면 좋겠습니다. 그뿐 아니라 어린이들이 생활하고 방문하는 어린이집, 유치원, 도서관, 학교의 화장실이 남아 여아 모두에게 안전한 곳이 되면 좋겠어요. 남아 소변기가 들어갈 공간

대신, 한 명의 인간이 잠시라도 편히 쉴 수 있는, 보호받는 느낌이 드는 따뜻하고 편안한 공간으로 바뀌길 간절히 고대합니다. 효율성은 어른이 된 다음에 스스로 선택해도 늦지 않는다고 생각해요.

"아들이 핑크 글리터 가방을
사달라고 하는데"

초등 입학 시즌이 다가오면 꼭 해야 하는 일 중 하나가 책
가방 준비입니다. 몸집보다 더 큰 가방을 메고 교문으로 들
어갈 아이의 모습을 상상해보면 언제 저렇게 컸나 코끝이
찡해지기도 하는데요. 요즘 똑똑한 양육자들은 아이에게
딱 맞는 가방을 골라주기 위해 쇼핑 전에 정보를 미리 검색
합니다. 브랜드, 크기, 무게, 옆 주머니 여부, 지퍼는 튼튼한
지 등등을 꼼꼼하게 따져보는 것이죠. 그중에서도 빼놓을
수 없는 것이 디자인입니다. 아이가 좋아하는 캐릭터가 있
거나 요즘 유행하는 디자인은 플러스 점수를 받을 수밖에
없지요.

아이가 입학할 때 좋은 책가방을 사주고 싶어서 백화점

에 있는 아동 매장 여러 곳을 돌아다닌 적이 있습니다. 그
때 재미있는 현상을 발견했어요. 매장에서 파는 가방이 크
게 두 가지, 남아용과 여아용으로 구분되어 있는 것이었습
니다. 가방이라는 것은 책을 잘 넣어도 어깨가 아프지 않
는 튼튼한 재질이 중요한 것이지 굳이 성별을 구분할 필요
가 있을까 의아했습니다. 저는 학교를 다닐 때 여아용 가방
은 사본 기억이 없습니다. 그저 제가 좋아하는 브랜드에서
멋져 보이는 디자인을 고른 기억이 나요. 그런데 요즘 어린
이들에게는 여아용, 남아용으로 나누어 전시하고 판매하고
있다는 것이 이상했어요.

디자인은 더 이해하기 힘들었습니다. 남아용으로 분류
된 가방엔 우주, 공룡, 자동차, 로봇 등이 그려져 있었고 색
깔은 대개 남색, 검정, 회색, 초록에서 크게 벗어나지 않았
습니다. 여아용은 핑크, 민트, 연보라 천지였고 빛을 받으
면 반짝이는 글리터 가방이 많았습니다. 이뿐 아니라 어떤
성별의 가방을 사느냐에 따라 선물로 주는 키링 인형의 종
류도 조금씩 달랐어요.

이런 분위기 때문일까요. 온라인 육아 커뮤니티에는 종
종 이런 고민이 올라옵니다.

'남자아인데 연보라색 글리터 가방을 사달라고 해요. 우주 그림은 싫고 반짝이가 좋다는데 어떡하죠?'

반응은 다양합니다.

'그건 여아용이라 학교에 갖고 가면 놀림받아요.'

'뭐, 어때요. 사달라는 거 사주세요. 입학 가방인데.'

'잘 설득해서 남아용을 사게 하세요.'

이처럼 물건에도 성별이 구분된 사회에서는 다수의 취향에 따르지 않는 소수는 조금 이상한 사람이 되어버립니다. 고민 글의 양육자가 할 수 있는 선택은 두 가지밖에 없습니다. 아이가 사달라고 하는 가방을 사주고 전전긍긍 걱정하거나, 아이가 원하지 않지만 사회가 '남아 가방'이라고 부르는 것을 사주고 안심하기.

아이도 마찬가지입니다. 반짝이는 글리터 가방을 신나게 메고 갔는데 공룡 가방을 멘 친구들이 "너 여자냐?"라고 하면 상처받을 테지요. 아니면 갖고 싶지 않은 디자인의 가방을 가지고 시무룩하게 입학식에 다녀온 뒤 자신의 취향이 거절된 것에 슬픔을 느낄지도 몰라요.

이와 비슷한 고민 사례는 많습니다. 유아를 키우는 양육자들 고민 중 흔한 것 중 하나가 이런 걱정일 거예요.

'남아가 캐치 티니핑, 시크릿 쥬쥬를 좋아해요. 산타 선물도 그걸로 갖고 싶다는데, 아이가 여성화될까 봐 걱정이에요.'

이런 글에 따라오는 위로의 방향은 한결같습니다.

'저희 애도 그랬는데 걱정 마세요. 학교 가더니 태권도 하고 씩씩해요.'

'조금만 크면 그거 여자애 거라고 아주 싫어합니다.'

'귀여울 때 여자 거 갖고 놀게 놔두세요.'

신기하게도 '여아가 미니특공대를 너무 좋아하는데 남성화될까 봐 걱정이에요'라는 고민은 보이지 않습니다.

🏃 여자답게, 남자답게 말고 나답게!

일부 양육자들이 그토록 떨고 있는 '여성화'라는 것의 의미는 무엇일까요? 밝은 색을 좋아하고, 애교 섞인 코맹맹이 소리를 내고, 예쁜 척을 하고, 치마를 입는 것이 '여자'일까요? 반대로 칙칙한 색깔만 좋아하고, 언제나 씩씩하게 말하고, 공격적인 것은 '남자'라고 할 수 있을까요?

저는 어릴 때 공주 만화보다는 파워레인저처럼 사람이

난투극을 벌이는 콘텐츠를 좋아했고, 어느 자리에서는 목소리를 잘 내지 않지만, 중요한 의견을 낼 때는 시끄럽게 말하고, 치마도 좋아하지만 바지도 좋아합니다. 운전하는 것을 즐기지만 식물은 사는 족족 죽이고, 요리는 잘하지만 설거지는 죽도록 싫어해요.

체육을 좋아해서 학교에서 아이들을 가르칠 때는 꼭 운동장에 나가서 같이 뛰놀았고, 꼼꼼함은 덜해서 체육복을 갈아입다가 안의 옷이 삐져나와 아이들과 함께 웃은 적도 있어요. 육아를 하면서도 어린이의 생각을 잘 이해할 때도 있지만, 때로는 세심하게 공감해주지 못해서 아이를 섭섭하게 할 때도 있습니다. 그럼 저라는 사람은 '여성화'가 덜 된 사람인 걸까요?

성별을 기준으로 사람을 딱 둘로만 나누는 성별 이분법은 누군가에게는 무언의 압박이 될 수도 있으며 자유로운 사고를 제한하게 합니다. 자기가 좋아하는 것을 아는 '나다운 인간'이 되기 전에 '여자다움', '남자다움'을 강요받게 되니까요. 그런 점에서 학교에 입학할 새싹들에게 교문에 들어가기 전부터 여자 가방, 남자 가방 중에서 고르라고 구분 짓기를 하는 것은 정말 안타깝습니다. 인간이 성장하면서 지속적으로 발달하는 전두엽은 무언가를 깊이 생각하고 선택할 때 활성화된다고 하는데요. 아이들이 어떤 것을 선택할 때 절반은 이미 제거된 세상, 이대로 괜찮은 걸까요?

물건뿐 아니라 유치원, 학교생활도 마찬가지입니다. 교육 활동 중 학생들을 나눌 때 여자, 남자로 나누는 경우가 많아요. 저도 예전에는 매일 그렇게 학생을 구분하는 교사였습니다. "여자 친구들 모이세요!", "남자 친구들 한 줄로 서세요!" 등 아이들을 성별로 구분 지어 통솔하곤 했어요. 이것은 왜 문제가 될까요?

성별에 따라 그룹을 나누고 범주화하면 아이들은 상대방 그룹의 특징을 사실보다 과장해서 생각하게 됩니다. 예를 들어 여자 그룹 중 한 명이 한 행동에 대해 "여자애들은 원래 다 저래!"라고 말하며 개인의 행동을 그룹 전체의 행동으로 판단하게 될 수 있다는 것입니다.

이처럼 여자와 남자를 구분하는 것은 여태까지 그래왔기 때문에 자연스럽게 행하는 습관에 지나지 않습니다. 가만히 생각해보면 아이들이 함께 어울려 살아가는 공동체 생활에서 성별로 가르기가 꼭 필요할까요? 물론 화장실 가기나 옷 갈아입기 등 신체적 특징의 영향을 받는 상황에서는 그룹을 나눌 필요가 있습니다.

하지만 일상생활에서 번번이 성별 그룹 나누기를 한다면 아이들의 무의식이 범주화되는 영향을 받을 수 있어요. 따라서 팀을 나누거나 설명을 할 때 성별이 아닌 상황이나 행동에 대한 표현을 사용하는 것이 좋습니다. 예를 들어 여자아이들이 공기놀이를 하고 있으면 "여기는 여자아이들이 많네"라고 하기보다는 "공기놀이 좋아하는 친구들이 여기 다 모였네"라고 말할 수 있겠지요. "남자, 여자 원을 만들어보세요" 대신 "옷에 무늬가 있는 사람과 없는 사람끼리 원을 만들어보세요"라고 할 수 있습니다.

학교 입학 가방이나 여러 가지 물건을 여아용, 남아용으로 나누어 파는 것은 그것이 자본주의에 적합하기 때문입니다. 소비자에게 자유로운 선택을 하게 하는 대신 구분을 해서 물건을 전시하면, 선택의 폭이 좁아져 매출이 올라간다는 통계도 있다고 해요. 결국 우리는 돈의 힘에 의해 아이가 스스로 생각할 기회를 빼앗고 있는지도 모르겠습니다.

성별 고정관념을 깨는 좋은 책

✿ 『**코숭이 무술**』 이은지

  : 멸종 위기 동물인 코주부 원숭이들이 무술을 연습하는데, 여자와 남자가 잘하는 것이 따로 있다고 하네요. 정말 그럴까요?

✿ 『**뜨개질하는 소년**』 크레이그 팜랜즈 글 | 마가렛 체임벌린 그림

  : 축구 대신 뜨개질을 선택한 남자아이의 이야기예요. 성별에 따른 취미가 아닌, 아이가 진짜 하고 싶은 취미를 고를 수 있도록 이야기해주세요.

✿ 『**딸 인권 선언**』 『**아들 인권 선언**』 엘리자베스 브라미 글 | 에스텔 비용 스파뇰 그림

  : 여자아이, 남자아이들에게 씌워지는 고정관념을 깨고 나답게 살 수 있도록 도와주는 책이에요.

✿ 『**스파이더맨 가방을 멘 아이**』 조르지아 베촐리 글 | 마시밀리아노 디 라우로 그림

  : 성별에 관계없이 좋아하는 캐릭터와 물건을 고를 수 있도록 격려하는 동화책이에요.

아이를 성별 고정관념에서 해방시켜주세요

1. 만약 어린이가 성별 고정관념이 담긴 말을 한다면, 그 고정관념을 깨뜨릴 수 있도록 도움 되는 말을 해주세요. "남자아이들은 다 자동차만 좋아해!"라고 말한다면 이렇게 말해줄 수 있어요.

   "남자라고 다 자동차를 좋아하는 것은 아니야. 세상에는 자동차를 좋아하는 사람도 있고 관심이 덜한 사람도 있어. 좋아하는 것은 여자, 남자와 아무 상관이 없단다."

2. 장난감을 사러 갔는데 여아용, 남아용으로 나뉘어 있다면 이렇게 말해주세요.

   "이 가게에서는 여자용, 남자용이 나뉘어 있지만 엄마(아빠)는 그게 틀렸다고 생각해. 신경 쓰지 말고 네가 좋아하는 장난감을 고르는 게 좋겠어."

3. 아이가 '저 여자애', '그 남자애'라고 지칭하면 친구 이름을 물어봐주세요. '그 아이', '그 친구들'이라고 불러주세요.

경계 존중부터 알아야
안전한 상태를 인지합니다

초등학교 교장으로 재직 중인 선배님께 충격적인 이야기를 들었습니다. 학교 보건 선생님이 학생들에게 경계 존중에 대한 교육을 실시했는데 민원이 들어왔다고 해요. 수업 내용의 일부는 다음과 같았습니다.

'너의 몸은 너의 것이다. 따라서 몸에 대한 권리는 자신에게 있다. 그러니 가정에서 어른이 엉덩이를 토닥이거나 포옹을 할 때도 동의를 구하는 것이 기본이 되어야 한다.'

어떠신가요? 가족끼리도 허락을 구해야 한다니 너무 각박하다고 여겨지시나요? 아니면, 동의를 구하는 것이 원래부터 중요하다고 생각하셨나요?

교무실로 걸려 온 민원 전화 내용은 이러했습니다.

"아니, 내가 내 애 예쁘면 쓰다듬을 수도 있고 그러는 거지. 애들한테 허락받고 만지라고 하는 게 말이나 돼요? 내 새끼인데!"

'내가 낳고 내가 기른 자식은 쓰다듬어주고 싶을 때 내 마음대로 해도 된다.'

물론 완전히 틀린 말은 아닙니다. 가족끼리 평소 애정이 깊고 애착이 잘 형성되어 있다면 눈빛만 봐도 서로 포옹하고 싶다는 것을 알 수도 있고, 때로는 아이가 "안아줘" 하며 달려들기도 하지요. 그러나 어린이는 약자의 위치에 속해 있기 때문에 경계 존중에 대해 가정에서부터 연습시켜야 해요. 경계를 존중받고 자란 아이와 그렇지 않은 아이는 당장 겉으로 보기에는 전혀 차이가 나지 않지만, 아이가 자라면서 타인과의 관계가 넓어질수록 이들이 가진 경계에 대한 인식은 달라지게 됩니다.

👫 집에서 시작하는 경계 존중 교육

A라는 아이가 있습니다. A의 부모님은 아이가 귀여울 때마다 엉덩이를 토닥입니다. 부모님은 엉덩이를 토닥여주기만

할 뿐, 잘못했다고 매를 들거나 하지 않습니다. 그러니 A는 엉덩이를 토닥여주는 행동이 칭찬과 애정의 표현임을 알고 자랐어요. 친구들끼리 장난을 치다가 엉덩이를 맞아도 A는 그다지 기분이 나쁘지 않습니다. 집에서도 툭툭 건드는 곳이니까요.

어느 날, 길에서 학원 차를 기다리고 있는데 지나가던 낯선 어른이 '귀엽다'며 엉덩이를 툭 치고 지나갑니다. A는 깜짝 놀랐지만 이내 진정합니다.

'어르신이 내가 귀여우니까 그러신 거겠지.'

대수롭게 여기지 않은 A는 집에 가서 이야기하지 않고 잊어버립니다.

B라는 아이가 있습니다. B의 부모님은 언제나 아이에게 먼저 물어봅니다.

"머리 쓰다듬어줘도 될까?"

"안아줘도 될까?"

B는 "나한테는 묻지 않아도 돼!"라고 말했지만 부모님이 물어봐주는 것이 싫지는 않습니다. B는 귀여운 동생에게도 먼저 묻습니다.

"안아줘도 될까?"

B와 동생은 서로 동의할 때만 꼭 껴안아줍니다.

B가 자라서 연애를 하게 되었습니다. B의 파트너는 가까워진 B가 너무 좋아서 단둘이 있을 때 볼에 뽀뽀를 해줍니다. 그러자 B가 물었어요.

"그런데, 왜 나한테 뽀뽀해도 되냐고 묻지 않은 거야?"

실제 상담을 요청했던 양육자의 사례입니다. 초등학교 저학년 교실에서 일어났던 일이에요. 유치원 때부터 친했던 아이 두 명이 같은 반 친구가 되었습니다. 여자아이와 남자아이였어요. 어느 날, 교실에서 쉬는 시간에 놀다가 남자아이가 여자아이의 볼에 갑자기 뽀뽀를 하게 됩니다. 여자아이는 별다른 반응을 보이지 않았다고 해요. 그런데 옆에서 그 모습을 지켜본 다른 아이들이 선생님께 상황을 알리게 됩니다.

"선생님! ○○이가 ○○이에게 뽀뽀했어요!"

이때, 두 아이를 불러놓고 선생님은 다음과 같이 말씀하셨다고 합니다.

뽀뽀를 받은 여자아이에게 먼저 물으셨대요.

"얘야, 친구가 뽀뽀했을 때 너 기분이 좋았어?"

그러자 여자아이가 "네, 좋았어요"라고 대답했고, 선생님은 "좋았으면 됐어"라고 하시며 상황을 마무리 지으셨다고 해요.

만약 이 사건의 주인공이 어린이들이 아니라 성인이었으면 어땠을까요? 성인 두 명 중 한 사람이 다른 사람의 동의 없이 마음대로 뽀뽀를 했는데, 제삼자가 신체 접촉을 당한 이에게 기분이 좋았냐고 물어보고 좋았으면 된 거라고 발언했다면요. 심각성이 와닿으시나요? 저도 성인지 감수성이 부족할 때는 학생들의 이러한 모습을 지켜보고 그저 '격한 장난'이라고만 여겼습니다. 장난을 당하는 아이가 싫다고 말했을 때만 "싫다는데 하지 마"라고 제지했었어요. 싫은데 말하지 못하는 경우도 있을 텐데 더 깊이 생각하지 못했던 것입니다. 성인지 감수성을 가지고 있는 어른의 태도는 달라야만 해요.

제가 뽀뽀 사건이 일어났던 교실의 교사였다면 이렇게 대응했을 것입니다.

먼저, 남자아이에게 말했을 거예요.

"얘야, 다른 사람의 몸은 그 사람의 것이란다. 항상 타인의 경계를 존중해주어야 해. 만약 친구가 좋아서 안거나 뽀뽀해주고 싶다면 반드시 물어봐야 해. '나 너를 안아주고 싶은데 안아줘도 될까?' 하고 말이야. 만약 친구가 거절한다면 거절을 받아들여야 해. 절대 너의 마음대로 친구에게 뽀뽀해서는 안 된단다. 아직은 네가 어린이여서 몰랐으니까 설명해주지만, 만약 네가 어른이 되어서 같은 행동을 한다면 그것은 나쁜 행동으로 여겨져서 경찰서에 갈 수도 있는 일이야."

아이에게 경찰서라니 너무 무서운 협박 아니냐고 묻는 분도 계실 수 있습니다. 하지만 성인 대상으로 범죄로 여겨지는 행동은 어린이도 해서는 안 되지요. 동의 없는 신체 접촉은 명백한 폭력 행위가 될 수 있음을 유아 때부터 가르쳐야 올바른 시민으로 자랄 수 있는 것입니다.

여자아이에게는 이렇게 말해주고 싶네요.

"친구들이 많이 있는 교실에서 친구가 갑자기 뽀뽀를 해서 많이 놀라고 당황했지? 친구에게는 선생님이 잘 일러뒀어. 그건 잘못된 행동이라고 말이야. 왜냐하면 ○○이 몸은 ○○이 것이기 때문에 친구가 함부로 뽀뽀해서는 안 돼. 친구의 뽀뽀에 ○○이가 기분이 좋든 나쁘든 그건 중요한

게 아니야. 동의 없이 경계 존중을 하지 않았다는 것이 중요한 거야. 그 누구도 ○○이에게 마음대로 뽀뽀할 순 없어. 그게 가족이어도 마찬가지야. 사랑하는 가족도 서로의 경계를 꼭 지켜줘야 한단다."

🙍 장난에도 기준이 필요합니다

함께 사는 가족, 엄마 아빠도 경계 존중에서는 예외일 수 없다는 점에 놀라셨나요? 유아 때부터 경계 존중에 대한 인식을 경험하게 해주는 것은 매우 중요합니다.

경계 존중을 경험하지 못한 어린이는 다양한 문제에 부딪힐 수 있어요.

첫째, 자존감이 떨어질 수 있습니다. '나의 몸은 나의 것'이라는 인식은 자기 긍정의 바탕이에요. 자기 긍정 의식이 나약한 아이는 다른 사람과 건강한 관계를 맺는 것도 어려워할 수 있습니다.

둘째, 타인의 경계를 존중하는 방법을 배우지 못합니다. 아이들은 좋으니까, 재미있으니까, 장난으로 다른 사람의 경계를 넘어가기도 해요. 신체적 경계뿐 아니라 심리적 경계도 포함됩니다. 아이들은 잘 몰라서 실수할 수 있어요. 그러나 실수에 대해 어떻게 설명하는지는 양육자의 몫이에요. "에이, 애들끼리 놀다가 그럴 수도 있지"와 "너의 몸이 소중하듯 다른 사람의 몸도 지켜줘야 해"는 사뭇 다른 반응입니다.

셋째, 폭력적인 상황이 발생해도 그것이 폭력이라고 느끼지 못하게 됩니다. 안전하다는 느낌, 보호받는다는 느낌을 알아야 위험한 상황에 노출되었을 때 바로 인지할 수 있어요.

아이들의 뽀뽀 사건으로 살펴본 성인지 감수성의 중요
성, 이해되시나요? '애들이 좋아서 그러는 건데 그게 뭐 그
리 심각한 일인가'라는 안일한 생각들이 줄어들기를 바랍
니다.

경계 존중에 대한 교육은 그 어떤 폭력 예방 교육보다
중요합니다. 기존의 폭력 예방 교육은 잘못된 행동을 지적
하고 그것에 대해 '하면 안 된다'라고 가르치고 있어요. 예
를 들자면 "다른 사람의 신체를 아프게 하지 마세요", "친
구를 놀리지 말아요", "여러 사람이 한 사람을 괴롭히면 안
돼요" 등의 이미 일어난 행동에 대한 조언에 지나지 않습
니다. 하지만 경계 존중 교육은 피해 예방이 아닌 가해 예
방을 하는 교육이에요. 어린이들이 더 안전한 곳에서 행복
할 수 있도록 지금 당장 경계 존중 교육을 시작해주세요.

'나'와 '너'를 동시에 존중하는 아이로 길러주세요

1. 아이가 너무 사랑스러워서 와락 껴안아주고 싶으셔도 꼭 먼저 물어 봐주세요.

   "네가 너무 사랑스러워서 그러는데, 한번 안아줘도 될까?"

2. 나와 친한 사람, 내가 좋아하는 사람, 나보다 나이 많은 사람, 나를 가르치는 사람, 나보다 힘이 센 사람, 나보다 똑똑한 사람, 나보다 친 구가 많은 사람 등등, 그 누구도 내 몸을 함부로 할 순 없다고 가르쳐 주세요.

   "불편한 것은 참지 않아도 돼. 불편하면 '싫어요'라고 꼭 말해. 그렇 게 말하는 것은 예의 없는 것이 아니니 걱정하지 않아도 돼."

3. 내가 좋아하는 사람이 나를 좋아해서 서로 파트너가 되었다고 해도, 서로의 몸을 마음대로 다뤄야 한다는 의미가 아님을 알려주세요.

   "누군가가 '우리 지금부터 사귀는 사이야'라고 말했다고 해서 그게 서로의 몸과 마음을 소유한다는 의미는 아니야. 너의 몸은 너의 것이 라는 사실을 언제나 잊지 마."

4. 어른도 경계를 존중받아야 함을 알려주세요. 아이가 엄마 몸을 허락 없이 만질 때 "불편해. 그만 멈춰줄래?", "엄마(아빠)는 지금 조금 쉬고 싶어"라고 말하셔도 됩니다. 사랑을 주는 입장이라고 해서 끝까지 참으실 필요는 없어요.

5. 아이가 양육자의 신체 일부에 집착하거나 시도 때도 없이 만지는 경우가 있습니다. 이럴 때는 단호하게 가르쳐주세요. 그리고 아이가 불안감을 해소하고 안심할 수 있도록 다른 대처 방안을 함께 모색해보세요.

"잠이 올 때 엄마(아빠) 옷에 손을 넣어서 몸을 만지면 나도 불편해. 잠이 오지 않아서 힘들면 내 옷을 입혀준 인형을 안고 자볼까?"

언제까지
같이 목욕해도 될까요?

"딸이 아빠와 목욕하는 것을 좋아하는데 언제까지 해도 될까요?"

"아들과 엄마가 함께 샤워해도 되는지 모르겠어요."

"남매는 언제까지 같이 목욕시키나요?"

성교육에 대한 고민을 나누다 보면 늘 등장하는 단골 질문들입니다.

양육에 대한 정보를 많이 접하는 어른들은 질문뿐 아니라 고민의 흔적도 함께 나눠주십니다.

"여탕, 남탕 따로 들어가는 시기부터 분리해야 한다고 들었어요."

"만 5세라고 들었어요."

"초등 입학 이후 아닌가요?"

"남매는 어릴 때부터 무조건 분리가 맞다고 생각해요."

고민의 내용과 성교육이라는 관점을 연결시켜보면 어떤 부분이 걱정되시는지 짐작이 갑니다. 서로 다른 성의 몸을 보는 것이 성적 관심이나 흥분을 유발하지 않을까 걱정하시는 것이 대부분일 텐데요. 그런 걱정이라면 붙들어 매셔도 좋습니다. 성적인 자극에서 우리가 고민해야 할 점은 왜곡된 성적 표현물과 신체 관찰에 대한 지나친 제한 등 성에 대해 억압하는 문화입니다. 있는 그대로의 몸을 가정에서 자연스럽게 보는 것은 별 문제가 되지 않습니다.

양육자가 질문하는 의도는 여러 가지이지만 원하는 결론은 비슷합니다.

"몇 살부터는 분리시키세요!"

대부분 이렇듯 딱 떨어지는 명확한 대답을 듣고 싶어 하십니다. 그럼 스스로 치열하게 고민하는 대신 전문가가 정해주는 룰을 편하게 따르기만 하면 되기 때문입니다. 지금은 사라진 TV 프로그램 「개그 콘서트」에서도 비슷한 고민을 해결해주는 코너가 있었습니다. '애매한 걸 정해주는 남자'의 줄임말인 '애정남'이 사람들이 궁금해하는 모호한 것들을 깔끔하게 정리해줍니다. 이를테면 '연인이랑 헤어졌는데 새로운 연애 금지 기간은 언제까지일까'라는 고민에 "1년 사귀었으면 한 달입니다. 2년 사귀었으면 두 달입니다" 하는 공식을 제시하는 식이죠.

'그래서 목욕은 대체 몇 살부터 분리시키면 됩니까?'라고 질문하신다면 저는 이렇게 말씀드리겠습니다.

'정답은 없습니다. 집집마다 다릅니다.'

🏃 중요한 건 시기보다 원칙

사실 이러한 질문에 한 문장짜리 결론을 내려주면 더 편한 쪽은 강사 입장입니다. 별다른 학문적 근거 없이 "만 ○세에는 분리시키셔야죠"라고 명쾌하게 답변하면 청중은 수긍하고 고민 시간은 끝날 테니까요. 하지만 저는 이런 식의 답변을 원치 않습니다. 아이를 키우는 엄마로서, 학생들을 가르치는 교사로서 함께 고민하고 경험한 생각을 나누고 싶습니다.

대신 목욕에 있어서 몇 가지 원칙을 세울 필요는 있습니다.

첫 번째, 환경 파악입니다. 어떤 가정은 욕실이 하나이고 어떤 집은 두 개 이상일 수 있습니다. 따뜻한 물이 언제나 잘 나올 수도 있지만 그렇지 않을 수도 있습니다. 욕조가 있을 수도 있고 세면대만 있을 수도 있습니다. 씻는 시간에 여러 명이 함께하는 것이 양육자 입장에서 편하다면 그쪽을 따르는 것이 맞습니다.

두 번째, 신체 인지 수준에 대한 파악입니다. 목욕 분리를 해도 되는 때는 혼자 깨끗하게 씻는 올바른 방법을 알고 실행할 수 있을 때입니다. 또한 혹시라도 몸에 문제가 생겼을 때 어른에게 제대로 표현할 수 있는 인지 수준이 된다면 그때 분리해도 됩니다. 아이들의 대근육, 소근육 발달과 신체 인지 발달은 개개인마다 속도가 다릅니다. 따라서 '3학년에는 무조건 혼자 씻도록 내버려둬야 한다'라는 것은 절대적 기준이 될 수 없습니다. 그러니 어른이 잘 관찰하셔서 적당한 때를 판단하는 것이 중요합니다.

세 번째, 목욕 분리를 하기 전에 반드시 유의점에 대해 말씀해주셔야 합니다. '평소와는 다른 몸의 변화가 생기면 그게 뭐든 어른에게 알려주기', '아픈 곳이 있으면 꼭 도움을 요청하기', '인간에게 가장 중요한 것은 건강이기 때문에 스스로의 몸을 잘 돌보기'입니다. 간혹 2차 성징에 대한 이해 부족 때문에 자기 몸에 생기는 자연스러운 변화를 받아들이기 힘들어하고 심지어 혐오하는 어린이와 청소년들도 있습니다. 또, 신체에 남아 있는 폭력 피해나 우울증 등의 징후를 미리 발견하지 못해 제때 올바른 도움을 주지 못하는 안타까운 경우도 있습니다. 아이들에게 가장 중요한 것은 몸과 마음의 건강이라는 것, 우리의 몸은 그 자체로 모두 존중받아야 한다는 것을 매일 알려주셨으면 합니다.

네 번째, 심리적 경계 존중입니다. 아이가 초등학생 이상인 경우 신체 인지가 완성되었고 혼자 씻기를 원한다면 존중해주셨으면 합니다. 씻는 것이 조금 미덥지 않더라도 믿고 기다리고 칭찬해주세요. 경계에 대한 존중은 반대로 양육자에게도 해당됩니다. 아이가 함께 씻기를 원하지만 양육자가 건강상의 이유, 심리적인 이유로 혼자 씻기를 원한다면 존중해달라고 요청하시길 바랍니다.

저희 집의 경우 아이들이 저와 함께 욕조에서 목욕하는 것을 좋아합니다. 함께 원할 때는 같이 하지만, 제가 월경 기간일 때는 명확하게 이야기해줍니다.

"엄마는 월경 기간이라 몸도 매우 피곤하고 언제 피가

나올지 알 수 없는 상황이라 오늘은 같이 목욕할 수 없어. 대신 너희가 좋아하는 거품 목욕을 해주고 이따가 머리 감는 것은 도와줄게."

거절을 해야 하는 상황에서 어른이 합리적인 이유를 설명하고 적절한 대안을 제시하면 어린이들은 이내 수긍합니다.

목욕을 몇 살부터 분리해야 하는지를 단칼에 잘라 말할 수 없음을 이해하셨나요? 목욕에 대한 원칙 네 가지를 살펴보신 후 가족회의를 통해 목욕 분리 시기를 정하셔도 좋을 것 같습니다.

최근 학부모 대상 성교육 강연 중에도 비슷한 고민을 많이 들었습니다.

"남매가 아직 같이 목욕하거든요. 괜찮을까요?"

"아들이 엄마랑만 자고 싶어 해서 아직도 같이 자요."

"고학년인데 머리 감는 것에 미숙해서 마무리할 때는 제가 들어가서 도와주거든요. 그래도 괜찮을까요?"

저의 대답은 "모두 다 괜찮습니다"였습니다.

"아유, 딸이 없어서
불쌍해서 어떡해"

제가 아들 둘을 데리고 다닐 때 자주 듣는 흔한 반응은 두
가지로 나뉩니다.

"엄마는 딸이 있어야 하는데 불쌍해서 어쩌나."

"아들 둘이라 너무 든든하고 좋겠어."

"둘 중에서 누가 딸 같은 아들이야?"

대부분 어르신들이 기특한 마음에 칭찬의 의미로 하시
는 말씀이지만 솔직히 듣기가 편치만은 않습니다. 가장 큰
이유는 제가 성별을 선택해서 낳은 것이 아닌데 원하지도
않은 이러쿵저러쿵 평가하는 말을 듣고 싶지 않은 것이고
요, 다음으로는 딸과 아들에 대한 편견이 너무 많이 들어간
발언이기 때문입니다.

　제가 여자라서 같은 성별의 자녀가 필요한 것이라면, 아들이 없는 아빠에게도 같은 질문이 필요하겠지요. 그런데 세상은 딸만 있는 아빠에게 "아빠는 아들이 있어야 하는데 불쌍해"라는 말보다는 '딸바보'라는 애정 가득한 별명을 선물해요. 이 불균형은 어디서부터 온 것일까요?

　그림책『딸은 좋다』를 보면 처음부터 끝까지 딸이 좋은 이유에 대해 설명합니다. 예쁜 옷을 입힐 수 있어서 좋고, 엄마 마음을 이해해주니까 좋고, 아빠를 기쁘게 하는 방법을 알아서 좋다고요. 이 책을 읽으면서 느꼈습니다. 첫 임신을 했을 때 '딸이었으면 좋겠다'라는 생각이 들었던 것이 바로 이런 이유 때문이었다는 걸요.

　"딸이 없는 게 왜 불쌍해요?"라고 반문하면 돌아오는 대답은 이러합니다.

　"같이 쇼핑도 못 하고, 여자처럼 공감도 못 해주고, 애교도 없고, 아들들은 키워놓으면 자기 마누라 좋다고 엄마는 신경도 안 써."

　이 말은 결국 딸은 엄마의 쇼핑 메이트, 늘 공감해주는 감정 노동자, 누군가를 기분 좋게 하는 사람, 효도해야 하는 사람이라고 해석되네요. '그런 거 해주면 좋지'라고 생

각하실 수도 있어요. 하지만 아이를 낳고 기르며 세상에서
하나밖에 없는 존재에게 무언가를 기대한다는 것이 얼마나
이기적인 욕심인지 매일 깨닫고 있습니다.

🚶 아이들은 누군가를 기쁘게 하기 위해 태어나지 않습니다

자녀가 원해서 부모에게 공감 상대가 되어주고, 효도를 하
면 좋은 일이지요. 그러나 특정 성별에게 그러한 역할을 더

욱 기대하는 것은 일종의 사회적 압력이 될 수 있습니다.

한쪽에 압력이 가해진다는 것은 반대로 다른 쪽에는 그러한 기대가 덜하다는 것을 의미합니다. 아들에게는 엄마의 말에 공감하거나 기분 좋게 해주는 것 대신 다른 역할을 기대하게 되지요. 예를 들면 장바구니를 드는 힘쓰는 일을 한다거나, 위험한 순간에 엄마를 보호해야 한다거나요. 이런 것도 편견입니다. 남자라고 모든 여자보다 힘이 센 것은 아닐뿐더러 힘이 센 사람이 꼭 무거운 것을 들어야 하는 것도 아니에요. 엄마를 보호하는 것도 자녀가 해야 할 일이 아니라 안전한 사회의 몫인 것입니다. 또한, 아들과 정서적 교감을 나눌 경험을 제한하는 것도 공감 능력이 뛰어난 사람으로 자랄 기회를 빼앗는 꼴이 됩니다.

성별에 따른 편견은 또 다른 편견을 낳기도 합니다. 아이가 하나면 "외동은 외로운데", "외동들이 이기적이지", 남매면 "같은 성별이어야 같이 놀고 좋지", "옷값 많이 들겠네", 딸-딸-아들이면 "아들 낳으려고 열심히 노력했나 봐?", 아들-아들-딸이면 "딸이 홍일점이네", 아들만 셋이면 "……".

딩크는 또 어떤가요.

"자식이 없으면 이혼하기 쉬워."

이처럼 우리 사회에는 아이 존재 자체에 대한 이야기는 없습니다. 대신 가족 안에서의 역할로서 사람을 자꾸만 평가하고 결론 내리려는 왜곡된 시선들이 자리 잡고 있죠.

이제는 성별 렌즈로 사람을 바라보는 대신 아이의 존재를 있는 그대로 지켜봐주세요. 아이의 장점과 부족한 점을 살펴보고 멋진 시민으로 자랄 수 있도록 도와주세요. 우리 아이들은 어떤 역할을 하기 위해서가 아니라 그저 사랑받기 위해 태어났음을 느끼게 해주세요.

> **성별에 따른 역할 기대는 No!**
> **아이의 개성을 존중해주세요**

1. 전통적인 성 역할에서 벗어난 체험을 자주 시켜주세요. 여아에게는 모험이나 익스트림한 스포츠, 남아에게는 정적인 활동이나 돌봄 봉사를 권해보시는 것 어떨까요?

2. '여자가', '남자는' 이라는 주어는 쓰지 말아주세요. 사람을 이분법적으로 나누는 편견을 갖고 자랄 수 있습니다.

3. 책, 장난감, 집안일 등 생활에서 자주 접하는 것을 성중립적으로 다뤄주세요.

4. '딸', '아들'도 좋지만, 예쁜 이름으로 불러주세요.

유아동 교실 환경 체크해보기*

영유아가 지내는 교실 환경에 성인지 감수성이 반영되었는지 알아보는 기준입니다. 다음 항목을 읽고 해당되는 항목에 체크해보세요.

1. ☐ 교실 환경이 주제와 관계없이 '예쁘'기만 한가요?(공주·왕자 그림, 제시된 여자 그림은 활동과 관계없이, 리본 드레스를 입고 있음 등)

2. ☐ 영유아의 성별에 따라 미술 활동 등의 배치를 파랑·분홍 계열로 구분하나요?

3. ☐ 개인 사물함과 신발장의 이름과 안내 그림이 성별로 나뉘나요?(남자는 사자, 여자는 토끼 등)

4. ☐ 놀이에 제시된 게시물, 교구, 놀잇감에 성별이 다양하게 제시되어 있지 않나요?

5. ☐ 직업이나 역할에 고정관념을 갖게 하는 게시물·교구·놀잇감이 있나요?

6. ☐ 부엌 소품에는 분홍색이 대부분이고, 블록, 공룡, 동물은 파란색이 대부분인가요?

7. ☐ 화장실 등의 안내가 성별에 따라 여자 화장실에는 빨간 치마를 입은 여자 그림만, 남자 화장실에는 파란 바지를 입은 남자 그

림만 그려져 있나요?

모두 빈칸이어야 성인지 감수성이 뛰어난 교육 환경이라고 할 수 있어요.

---

* 양미선, 『양성평등 어린이집 시범사업 모델 연구』, 2020.

3교시

첨임식 후, 건강한 성가족원이 자존감을 키웁니다

비속어에도
등급이 있습니다

초등학교 2학년 수학 시간에는 곱셈구구가 나옵니다.

"이 일은 이, 이 이는 사, 이 삼 육, 이 사 팔……."

열심히 구구단을 외던 아이가 뜬금없이 묻습니다.

"엄마, 이구 십팔…… 십팔이 나쁜 말이야?"

"비슷한 말이 있긴 하지. 근데 그런 건 어디서 들었어?"

"다른 반 친구가 그 욕을 해서 선생님한테 혼났대."

살면서 비속어를 전혀 듣거나 쓰지 않는다는 것은 불가능한 일이라는 것을 알지만, 아이가 이런 말에 대해 물으면 참 난감합니다. 그냥 "나쁜 말이야" 하고 둘러대고 넘어가기에는 우리나라에서 쓰는 욕은 성에 관련된 것이 많아서 설명하기가 더욱 불편하기 때문이에요.

학교에서도 학생들이 비속어를 사용하는 일은 매우 흔합니다. 그럴 때마다 교사가 할 수 있는 조치는 "너희들끼리 사용하는 것까지는 뭐라고 못 하겠지만, 최소한 학교 안에서는 욕이 들리지 않게 해주렴" 정도입니다. 그래도 초등학생까지는 그게 통하기는 합니다만, 문제는 청소년의 언어 습관입니다. 말끝마다 "×발", "존×", "×같이" 등 마치 고수의 추임새처럼 문장마다 비속어가 자연스럽게 자리 잡지요.

'언어는 마음을 비치는 창이기 때문에 고운 말을 써야 한다'처럼 완고하게 들릴 수 있는 말로 학생들을 설득하기는 어렵습니다. 단순히 나쁜 말을 쓰면 안 된다고 강제적으로 말하기에는 매체에서도 비속어와 은어가 너무 많이 등장하지요. 다만 '비속어에도 등급이 있다'라는 이야기를 하고 싶어요.

비하, 가장 완벽한 혐오 표현

동료 선생님에게 들은 일화입니다. 한 학생이 선생님에게 예의에 어긋나는 행동을 했어요. 교사의 꾸중을 듣고 나와서는 화풀이를 합니다. 친구에게 "저 선생년은 나한테 만……"이라고 말한 거죠. 어떠신가요? '억울한 마음에 그럴 수도 있지. 교사에게 직접 대들지 않은 게 어디야'라고 생각하실 수도 있어요. 맞습니다. 아직 자라고 있는 학생들은 그럴 수도 있습니다.

문제는 학생의 단어 선택에서 발견할 수 있어요. '선생년'이라는 표현 때문입니다. 상대를 깔아뭉개고 싶을 때 '놈', '새끼', '년' 중에서 가장 비하적인 표현으로 학생들이 선택하는 것은 무엇일까요. 정답은 앞서 학생의 발언에 들어 있습니다. 여성에게 '년'이라고 하지 그럼 뭐라고 하나 의아하실 수도 있습니다. 재미있는 것은 사람들이 욕을 할 때 여성에게든 남성에게든 가장 비하적인 표현을 할 때 '년'을 사용하고 있다는 것입니다. '년'은 여자를 낮잡아 이르는 말입니다. '놈'도 남자를 낮잡아 이르는 말이기도 해요. 동시에 다른 뜻도 있습니다. 남자아이를 귀엽게 이르는 말이지요. 하지만 '년'은 그저 욕되게 하는 비하의 뜻만 지닙니다. 귀여운 아이에게 '아이고, 요놈~'이라고는 하지만 '아이고, 요년~'이라고는 하기 어렵지요.

학생의 '선생년'이라는 발언은 여성인 교사에게 적합하

기 때문에 내뱉은 것만은 아닙니다. 권위 있는 존재인 선생님에서 '님'을 제거한 모욕적인 언어를 선택함으로써 그 권력을 끌어내리려는 시도이면서, '년'이라는 접미사를 붙여서 가장 욕되게 하려는 의도였던 것이죠. 이렇듯 '년'이 불특정 다수에게 사용되는 비하 표현이 된 것은 여성에 대한 은근한 차별이 깔려 있기 때문입니다. 언어에 깃들어 있는 문화적 의미가 드러나는 현상인 것이죠.

채팅이 자주 오가는 게임에서도 가장 심한 욕은 일명 '패드립', 즉 부모를 모욕되게 하는 말입니다. 여기에서도 '느금마', '니에미' 등의 여성 비하 표현이 난무하지만 아버지를 욕되게 하는 말은 찾아보기 힘듭니다. 이유 없이 한쪽 성별의 집단이 더 모욕적으로 취급되는 현상, 정상인 걸까요?

어떤 욕도 사용하지 않는 청정한 언어 환경을 만들어야 한다고 말하지는 않겠습니다. 다만, 우리가 사용하는 말에 은근하게 깔려 있는 차별적 의식을 인식하는 것은 매우 중요합니다. '년이라는 말은 여성을 지칭함과 동시에 왜 가장 모욕적인 말로 쓰이는가', '니에미라는 욕은 있는데 니애비라는 말은 왜 없나'라는 생각을 한 번이라도 해본 사람과 그렇지 않은 사람 사이의 인식 체계는 많이 다릅니다. 이러한 의구심을 한 번이라도 가져본 사람은 적어도 남성인 친구에게 '개 같은 년'이라는 비속어를 사용하지는 않겠지요.

　모욕적인 언어의 차별적 문제는 성별에서 끝나지 않습니다. 우리 사회에서 소외되는 집단을 비하하는 표현들과 함께 결합되어 쓰이는 것이지요. 10년 전만 해도 교실에서 아이들이 다른 친구들을 놀릴 때 '장애자'라는 표현을 썼어요. 지금은 장애 이해 교육이 활성화되어 그런 언어는 쓰지 않지요. 비속어에도 등급이 있다는 말은 이런 의미입니다. 이것을 알아챈 이후에는 특정 집단에게 모욕만을 주기 위한 언어를 도태시키는 것이 중요합니다. 언어는 생성되기도 하고 소멸되기도 하는 살아 있는 존재예요. 따라서 그것을 사용하는 사람들의 가치관과 배경 지식이 언어를 만듭니다. 욕을 하더라도 특정 집단에게 더 모욕을 주는 말을 하지는 않는 세상, 그런 세상을 우리 아이들에게 물려주었으면 합니다.

험한 욕을 하는 아이, 이렇게 지도해주세요

1. **엄격하게 지도해주세요.**

   "큰 소리로 욕을 한다는 것은 타인에게 실례되는 행동이야. 너에게
   는 말할 자유가 있지만, 듣는 사람에게도 불쾌한 소리를 듣지 않을
   권리가 있거든. 욕을 하는 너를 예의 없는 사람, 인성이 나쁜 사람이
   라고 판단하면 어떨까? 상관없을 수도 있겠지만 억울할 수도 있겠
   지. 이 사회는 한 사람이 사용하는 언어가 그 사람의 많은 부분을 표
   현한다고 여기고 있어. 게다가 너는 아직 미성년자야. 미성년은 자기
   행동에 완전히 책임을 지기에는 어린 나이라고 법적으로 정한 거야.
   욕을 마음대로 하고 그에 대한 책임을 질 수 있을 때까지는 조금 참
   아주는 게 좋겠어."

2. **욕의 뜻에 대해 간단하게 설명해주세요.**

   "이 세상의 많은 욕은 성기나 성에 관련된 것이 많아. 그러니 그 욕의
   뜻을 알고 내뱉는 것과 아무 생각 없이 말하는 것은 조금 달라. 욕 중
   에서는 성기에 관련된 것뿐 아니라 타인을 차별하고 깎아내리는 의
   미를 가진 말도 많아. 지금 당장은 욕을 하는 것이 쿨해 보인다고 착
   각할 수 있지만, 네가 좋아하고 멋지다고 생각하는 사람이 그런 말을

자주 쓴다면 어떨까? 그래도 멋지다고 생각할 건지 고민해보렴."

3. 꼭 욕을 섞어 말하고 싶다면 먼저 양해를 구하라고 설명해주세요.

"친구에게 혹은 듣는 사람에게 '욕 좀 해도 될까?' 먼저 물어보는 게
매너 있는 사람이야."

'여왕벌'을 조심하라고요?
명백한 혐오 표현입니다

'딸 친구 중에 여왕벌이 있어요. 정말 싫어요.'

'딸내미 입학시키면 교실의 여왕벌 조심하세요.'

육아 고민을 나누는 커뮤니티에 종종 등장하는 이야기입니다. 여왕벌은 본래 벌들의 집단에서 알을 낳고 우두머리로 지내는 암컷을 말하지요. 그런데 딸 친구에게 '여왕벌'이라 칭하는 것은 그 의미를 정확히 몰라도 부정적인 의미인 것은 분명해 보입니다. 미국 드라마에도 비슷한 표현이 흔히 등장합니다. 'queen bee'. 남성들의 호의를 이용하여 일종의 '갑질'을 하려는 여성을 지칭하는 말입니다.

초등학교에서 서식하는 여왕벌은 얼마나 심각한 문제이길래, 콕 집어 별칭으로 불리는 걸까요? 어린이에게 '여왕벌'이라고 지칭하는 것에 대해 의미를 파악해보니 다음과 같습니다. 무엇이든 자기 뜻대로 하려는, 다른 친구 사이를 이간질하는, 주장이 강해서 여러 명의 의견을 한쪽으로 끌고 가려는, 이기적인 특징을 가진 여자아이를 '여왕벌'이라고 부르는 듯합니다. 머릿속에 떠오르는 인물이 있다고요? 잠시만요. 여왕벌의 이미지에 대해 강화하려는 것이 아닙니다.

교사로서 아이들을 가르치다 보면 다양한 모습을 관찰할 수 있습니다. 친구가 많은 아이, 혼자 있기를 즐기는 아이, 자신의 의견을 잘 피력하는 아이, 누가 낸 의견에 동의하는 것을 좋아하는 아이 등, 모두 성향과 강점이 다릅니다. 또 누가 조금만 강하게 말해도 상처받는 아이가 있는 반면 웬만해선 타인에게 영향을 받지 않는 아이도 있습니다. 그러다 보니 양육자들이 가장 걱정하는 부분인 친구 관계에서도 다양한 장면이 연출됩니다. 앞서 언급한 여왕벌은 이러한 교우관계에서 자주 등장하지요. 우두머리 역할을 하려는 여자아이 때문에 자신의 아이가 피해를 본다고 여겨지는 상황에서 쓰이는 것입니다.

양육자로서 내 아이가 손해를 본다고 여겨지면 발끈하

게 되는 것이 당연합니다. 아이가 실제로 누군가에 의해 피해를 보고 있다면 발 벗고 나서는 것도 자연스러운 일이고요. 하지만 자기주장이 강한 여자아이를 '여왕벌'이라는 멸칭으로 일컫는 것이 자연스러운가에 대해서는 의문이 남습니다.

실제 벌들의 세계에서 여왕벌은 엄청난 일을 합니다. 여왕벌이 산란을 하지 않으면 무리는 번식을 이어나갈 수 없습니다. 그 귀하다는 로열젤리를 먹고 자란 특별한 존재이지요. 그런 멋진 존재의 이름표를 왜 어린 인간에게 모욕적인 뜻을 담아 붙이는 걸까요. 누가, 언제부터 우두머리 여성을 '여왕벌'이라고 불렀는지는 알 수 없습니다. 다만 우리가 이러한 현상에서 눈여겨봐야 할 것은 해당 단어가 누구에게 어떻게 작용하는가입니다.

만약 어떤 여자아이가 '여왕벌 짓'을 해서 친구를 모두 잃었다고 가정해봅시다. 그래서 그 아이의 단점을 몽땅 고쳐야 한다면요. 여왕벌이었던 아이는 이제 주장을 펼치지 않고 남의 의견에 따르기만 하는, 타인의 감정을 먼저 생각하는 사람이 될 수도 있습니다. 그렇다면 그 아이는 이상적인 사람으로 성장하는 거라 말할 수 있을까요?

🏃 아이를 언어의 굴레에 가두지 말아주세요

어린이들의 성격은 다양하고 자라면서 변하기도 합니다. '대장질하는 여자아이'의 행동이 문제라면 그 행동에 대한 수정을 요구하고 주변에 긍정적인 영향을 끼칠 수 있도록 안내해주어야 합니다. 그것이 교육이고 어른들의 몫이지요. 어린이에 대한 교육은 '성장'에 중점을 두어야지 낙인 찍고 비난하는 것에 머무르면 안 됩니다.

여자아이를 여왕벌로 연결하는 의식의 흐름에는 은근한 여성혐오가 숨어 있습니다. 개인의 특징을 여성의 전체적인 문제로 취급하며 싸잡아 비난하게 되는 이미지를 주는 것입니다. '여왕벌'이라는 말을 자연스럽게 쓰면 그 누구도 그 굴레에서 벗어날 수 없습니다. 주장이 강한 여자아이, 친구도 많고 인기가 많은 여성 청소년, 회사에서 장 역할을 하는 여성, 아이를 키우는 양육자들 사이에서 리더를 도맡아 하는 엄마 모두 마찬가지입니다. 조금이라도 튀는 행동을 하는 여성은 '여왕벌'이라고 퉁쳐서 불러버리면 되니까요. 그 개인이 어떤 존재인지에 대한 관심 없이 그저 '여왕벌'이라는 딱지를 붙입니다. 이러한 불필요한 이름 붙이기는 '여성은 앞에 나서면 안 되고 목소리 큰 주장을 해서는 안 된다'는 은근한 압력을 주게 됩니다.

문제는 또 있습니다. 여왕벌이 존재한다면 주변 인물은 무엇이 되는가입니다. 바로 일벌이죠. 여왕벌 주변의 인물들은 리더의 의견에 따르기만 하는 부수적인 존재로 취급되고 맙니다. 결국 '여왕벌'이라는 멸칭을 사용함으로써 여성은 어떤 집단에 속해 있든 너무 나대거나 줏대도 없는 사람, 둘 중 하나가 되기 쉽습니다. 불필요한 이분법적인 사고를 불러일으키는 문제가 생기는 것입니다.

사실 학교에는 친구에게 물리적 폭력을 행사하거나, 입에 담을 수 없는 험한 비속어를 사용하고, 정신적 학대를 하고, 디지털 기기를 이용하여 사이버 불링을 하는 등 정말 심각한 문제를 일으키는 학생들이 더러 있습니다. 하지만 이들에게는 기껏해야 '학폭 가해자' 정도의 딱지가 붙지, '여왕벌'처럼 특정한 이미지를 떠올리게 하는 멸칭이 주어지지는 않습니다. '여왕벌'과 '학폭 가해자' 중에서 무엇이 더 나쁜지는 설명하지 않아도 아실 겁니다.

친구들 사이에서 마음대로 하는 '못돼 처먹은' 여자아이에 대한 가상의 이미지를 내려놓아주세요. 그 아이들은 걱정하시는 만큼 심각한 문제를 일으키지 않습니다. 실제로 그런 친구가 있다면 못된 '행동'에 대해 무엇이 잘못되었는지 말해주세요. 동시에 내 아이도 친구 사이에서 끌려다니지 않는 소신 있는 아이가 될 수 있도록 가르쳐주세요. 그럼에도 불구하고 무리에서 권력을 휘두르려는 여성이 있다면 서서히 멀어지면 됩니다. '여왕벌'이라는 멸칭을 붙이는 대신에요.

성별 이분법이
위험한 이유

부끄러운 과거를 털어놓으려 합니다. 노련함 없이 뜨거운 열정만으로 6학년 아이들을 가르칠 때였어요. 한 달에 한 번 아이들이 가장 기다리는 시간이 왔습니다. 자리 바꾸기 시간이었어요.

'이왕 하는 것 짝꿍도 재미있게 바꿔보자.'

선호 자리 선정이나 무작위 추첨보다는 좀 더 색다르고 즐거운 방식을 시도해보고 싶었습니다. 그래서 '짝 찾기 게임'을 활용했지요.

여자-남자 일대일로 매칭되는 파트너가 적힌 쪽지들을 각각의 통에 넣고 아이들이 뽑게 하는 식이었어요. 예를 들어 여학생 뽑기함에는 선녀, 피오나, 백설공주 등이 들어 있으면 남학생 뽑기함에는 나무꾼, 슈렉, 백마 탄 왕자 등이 들어 있는 것입니다. 뽑기함에서 쪽지를 뽑으면 자기와 매칭이 되는 짝을 찾아 자리에 앉는 활동이었는데요. 당시 즐겁게 짝을 찾으며 교실을 돌아다니는 학생들을 보며 '역시 나는 아이들을 즐겁게 해주는 교사야'라는 자아도취에 빠졌던 기억이 납니다. 지금 생각해보면 정말 성인지 감수성이 떨어지는 비교육적 교육 활동이었지요.

저희 아이가 학교에 입학했던 해에 이런 일도 있었습니다. 아이의 입학을 축하해주러 제 친구가 집에 놀러 왔어요.

1학년이 된 아이에게 친구가 물었습니다.

"학교에 여자 친구 있어?"

"네."

"누군데?"

아이가 환한 얼굴로 대답했습니다.

"우리 반 여자 친구 열두 명이에요!"

친구는 아마도 애인, 이성 친구의 의미로 '여자 친구'에 대해 물었던 것 같습니다. 사귀는 애 있냐는 거죠. 하지만 아이의 대답은 편견 없는 사실 그대로였습니다. 반 아이 스물네 명 중 열두 명이 여자아이였거든요.

教사로서 학생들의 짝꿍을 바꿔줄 때와 '여자 친구'에 대한 물음의 공통점, 눈치채셨나요? 여자와 남자를 매칭하려는 이분법적 사고에서 비롯된 것입니다. 이런 사고는 여성과 남성을 더욱 갈라놓게 됩니다. 서로 성적인 예비 파트너로 볼 뿐이지 어우러져 살아가는 존재들로서 바라보는 것이 아니기 때문이에요. 여자든 남자든 우리는 그 누구와도 친구도 될 수 있고, 애인도 될 수 있고, 미워도 할 수 있고, 영혼을 나누는 사이도 될 수 있습니다.

학교에서의 성별 이분법

학교에서는 편 가르기 시키듯 학생들을 성별로 분리하는 일이 공기처럼 존재했습니다. 당시 대부분의 초등학교가 남학생은 가나다순으로 1번부터 배정하고 여학생은 31번이나 51번부터 배정하는 '선남후녀'의 방식을 채택하고 있었거든요. 출석 번호뿐 아니라 복도에서 줄을 세울 때도 교사가 양손의 검지를 각각 들고 "키 번호 남자 한 줄, 여자 한 줄"을 외치는 것이 매일 자연스럽게 반복하는 일과였어요.

제가 근무하는 학교에서는 남학생은 1번, 여학생은 51번부터 번호를 쓰고 있었는데, 이것을 가나다순으로 바꾸자는 의견이 나왔을 때 반대하는 교사들도 있었습니다. 변화가 부담스러웠던 것이죠. 행정 업무를 하다 보면 이전과 달라진 것에 대해 신경 쓸 일이 많아지니 이해도 갑니다.

문제는 이런 주장을 하는 분들이에요.

"아니, 그게 그렇게 차별 같으면 1, 3, 5학년은 남자가 1번하고 2, 4, 6학년은 여자가 1번 하면 되잖아."

언뜻 들으면 일리가 있는 주장이라 여겨질 수 있지만 본질을 깨닫지 못한 발언입니다. 출석 번호를 섞는 것은 순서상의 차별을 없애기 위해서가 아니라 성별 이분법을 없애기 위함이거든요. 사실상 출석 번호가 1번이라고 해도 별로 유리할 것은 없습니다. 오히려 아이들이 수행평가를 보거나 줄을 설 때 1번으로 호명되는 것을 부담스러워하는 일은 있어도 초등학교에서 출석 번호가 주는 특혜란 거의 없기 때문입니다. 최근의 초등학교에서는 이 부분이 많이 개선되고 있는 상태이긴 합니다만, 혹시나 주변의 어린이가 다니는 학교에서 아직도 '선남후녀' 방식의 출석 번호를 쓰고 있다면 이제는 바뀌어야 한다고 귀띔해주세요.

이쯤에서 제가 여자와 남자로만 짝을 지어 그것도 '한

쌍의 커플'을 연상시키는 짝꿍 매칭을 한 것에 대해 변명을 좀 하고 싶어요. 여-남 짝으로 자리 배치를 한 것은 성별 분리가 자연스러웠던 학교 문화가 틀릴 수도 있다는 의심을 해본 적이 없었기 때문입니다. 다른 방식을 본 경험조차 없었던 거죠.

혹시 이 글을 보는 저의 옛 제자가 있다면 이렇게 말해주고 싶습니다.

"선생님은 정말 몰라서 그랬답니다. 다른 친구와도 앉고 싶었는데 선생님이 무조건 여자-남자 짝만 만들어서 섭섭했다면 미안해요. 선생님은 최근에 와서야 그것이 잘못된 방법이었다는 것을 알았어요."

제자들에게 닿을지 미지수인 사과를 하고 나니 또 잘못했던 것이 떠오릅니다.

가끔씩 교실에서 평균적인 발달을 따라가지 못해서 힘들어하는 아이가 있으면 "A 친구가 B 친구랑 짝을 해서 좀 도와주렴"이라고 말한 적이 있는데요. 이때도 역시 전자는 여학생이었고 후자는 남학생이었습니다. 이제 와서 생각해보니 열정만 넘쳤지 성인지 감수성이 엉망인 교사였네요.

많은 아이에게 큰 영향을 주는 교사는 끊임없는 연구를

통해 반성하고 발전하는 것이 미덕인 직업입니다. 하지만 가정에서 어린이를 기르는 양육자들은 이러한 고민을 할 시간이 부족하실 텐데요. 또 성별 이분법이 그렇게 심각한 문제를 일으킬 것이라고 생각하지 않으실 수도 있습니다. 그렇다면 성별과 학습을 연결 지어보면 어떨까요?

👫 "수학은 아무래도 남자애가 잘하지"

성별이 학습이나 또래 문화 형성에 가장 큰 영향을 준다고 믿고, 그 기준으로 학생들을 판단하는 경우가 많습니다. 흔한 사례로는 '여학생은 언어에 강하고 남학생은 수학에 강하다'는 편견입니다. 하지만 OECD의 학업성취도평가$_{PISA}$ 보고서에 따르면 여학생의 수학 성적이 남학생보다 월등한 국가도 있고, 그 반대인 국가도 있으며, 남녀 간 격차가 아주 작은 나라도 있다고 합니다. 즉 '여학생은 수학을 못한다'라는 것은 진리가 아니라는 것입니다. 흥미로운 것은 남녀가 평등한 국가일수록 남녀 학생 간 수학 성적의 격차가 작다는 논문이 2008년 『사이언스』에 발표되었다는 점이에요.

　우리나라는 조금 독특합니다. 세계적으로는 여학생, 남

학생 모두 수학 성적이 뛰어난데, 동시에 성별 격차가 가장 커서 여학생의 수학 성취도가 남학생보다 떨어진다고 해요. 동시에 눈여겨볼 것은 우리나라는 성평등 지수가 하위권인 국가라는 것*, 여학생의 수학 흥미도는 전반적으로 남학생보다 떨어진다는 것**입니다. 수학 성적에서 정서적 요인이 영향을 주었다고 볼 수 있겠지요.

* 주재선, 「국제성평등지수로 보는 한국의 성평등 수준」, 『통계프리즘1』, 2021.

** 임슬기, 이수형, 「수학 성취도에서의 성별 격차: 동태적 변화와 원인 분석」, 『교육과정평가연구』, 2019.

"내가 보니까 수학 잘하는 애는 다 남자던데?"

성급한 일반화의 오류를 범하기 전에 우리나라가 성평등한 나라인지, 즉 여학생과 남학생에게 수학에 대한 똑같은 환경이 주어졌는지부터 살펴야 할 것입니다.

어떤 아이 두 명이 수학 단원 평가에서 40점을 받아 왔다고 가정해봅시다.

A 가정에서 크는 여아에게 양육자가 말합니다.

"괜찮아. 원래 여자는 수학에 약하거든. 그래도 열심히 공부해보자."

B 가정에서 크는 남아는 이러한 반응을 접합니다.

"남자는 보통 수학을 잘하는데 이상하네. 이번엔 실수겠지. 다음에 좋은 점수를 받기 위해 열심히 노력해보렴."

다소 극단적인 예시이긴 하지만 이것은 비단 수학 성적만의 문제가 아닙니다.

"여자니까 얌전하게 행동해", "남자애들은 공공장소에서 좀 소리 지르고 뛰어도 괜찮아"처럼 학습뿐 아니라 생활 습관에 대해서도 성별에 따라 다른 잣대가 적용되기도 합니다. 개인의 특성은 살피지 않은 채 성별로만 태도와 가능성을 규정짓는 것, 과연 어린이들을 진정으로 위하는 일일까요?

🏃 성별로 가능성을 제한하지 말아주세요

'여자는 수학을 못할 것이다', '남자는 수학을 잘할 것이다' 같은 편견은 코끼리에 채운 족쇄 이야기와 크게 다르지 않습니다. 어떤 존재에게 기대하는 성취의 제한선을 심리적으로 전가하는 것, 그것만으로도 어린이들의 모든 것이 달라질 수 있습니다. '피그말리온 효과'라는 심리학 용어가 있는 것처럼, 아이들은 자기도 모르게 기대하고 예언한 대로 따라가게 되는 것이죠. 재미있는 사례로 독일의 어린이들 사이에선 "남자도 총리가 될 수 있느냐" 같은 질문이 나왔다고 합니다. 어린이·청소년들이 태어난 이래 '메르켈 시대'밖에 겪지 못했기 때문이죠.

우리나라는 어떨까요? '여자도 대통령이 되었던 시대니 성평등이 이미 도래했다'라고 생각하시나요? 안타깝게도 2021년에 발표된 GGI 점수 통계에 따르면 우리나라의 성평등 순위는 대상 국가 156개국 가운데 102위입니다. 특히 '경제 참여와 기회 부분'에서 아주 낮은 점수를 기록했는데요. 이 지표는 남성 대비 여성의 경제활동 참여 비, 유사 업무의 남녀 임금 형평성, 남성 대비 여성의 추정 소득

비, 남성 대비 여성 행정·관리직 비, 남성 전문·기술직 대비 여성의 전문·기술직 비를 포함합니다. 풀어 말하면 교육을 받을 기회는 여-남이 동등한데 고위직에 올라가거나 똑같은 임금을 받는 것은 힘들다는 얘기입니다.

이런 실정이다 보니 여학생들의 희망 직업은 자신의 욕구에 충실하기보다 사회적으로 안정된 것에 집중됩니다. 학생들의 희망 직업에서 여학생과 남학생의 순위가 다른 것을 보면 알 수 있습니다. 교사, 간호사는 대표적으로 '여자가 하기 좋은 직업'으로 늘 거론됩니다. 하지만 '남자가 하기 좋은 직업'이라는 말은 들어보지 못했어요.

초등학생				중학생				고등학생			
남학생	비율	여학생	비율	남학생	비율	여학생	비율	남학생	비율	여학생	비율
운동선수	16.2	교사	10.1	교사	9.1	교사	13.5	교사	8.0	간호사	8.2
크리에이터	9.8	의사	6.2	운동선수	7.9	의사	6.2	군인	5.4	교사	8.0
의사	5.8	배우/모델	5.2	경찰관/수사관	5.7	뷰티디자이너	4.2	컴퓨터공학자/소프트웨어개발자	5.3	뷰티디자이너	5.8

자라나는 아이들을 젠더 박스에 가두는 일이 더는 없었으면 합니다. 조선시대 때를 떠올려보세요. 나랏일을 할 수 있는 사람은 양반 가문에서 태어난 남성, 그중 과거시험에 합격한 희박한 확률에 해당하는 이들이었습니다. 우리는 지금 그것이 합리적이지 못하다는 것을 잘 알고 있어요. 성별도 마찬가지입니다. 성별에 있어서 절대적인 것은 없어요.

"여자애가 칠칠치 못하게. 좀 꼼꼼하게 해."

"남자애가 왜 운동을 안 해? 나가서 뛰어 놀아."

"수학과 과학은 남성의 학문이야."

"인형 놀이를 참 잘하네. 역시 여자애답다."

"여자 하기 좋은 직업은 따로 있지."

"남자애가 무슨 뷰티 디자이너야. 남사스럽게."

모두 편협한 고정관념입니다.

혹시 오늘도 어린이의 개별성에 관심을 기울이는 대신 여자, 남자 성별의 안경을 쓰고 끼워 맞추려고 하지 않으셨나요? 무심코 뱉어왔던 언어들이 잘못된 고정관념을 심어주고 학습 능력, 진로에도 영향을 줄 수 있다는 것에 마음이 불편하실 수도 있습니다. 하지만 괜찮습니다. 우리는 매일 조금씩 더 나아질 수 있는 존재이기 때문입니다. 실수 투성이였던 신규 교사가 이제는 성인지 감수성에 대해 이야기하듯이, 우리는 매일 어린이와 함께 성장할 수 있습니다.

현재를 사는 어른들이 노력하면 이뤄낼 수 있다고 믿습니다. 우리 아이들이 성별에 관계없이 하고 싶은 일을 선택하고, 여자-남자 매칭 형태가 아니라 인간으로서 서로 존중하고, 다양성을 인정하고 자신의 삶에 집중하며, 서로의 어려움을 들어주고 보듬어주는 그런 따뜻한 세상을요.

고정관념을 없애는 그림책 추천

✿ 『이백 하고도 육십구 일』 로알 칼데스타 글 | 비에른 루네 리 그림

: 섬세한 감수성을 가진 남자아이가 친구를 그리워하는 이야기예요. 메마른 마음을 촉촉하게 채워줄 거예요.

✿ 『오, 미자!』 박숲

: 직업과 노동에 대해서 편견 없이 그려낸 책이에요.

✿ 『나는 반대합니다』 데비 레비

: 미국의 두 번째 여성 연방 대법관이자 최초의 유대계 여성 대법관 루스 베이더 긴즈버그의 삶과 업적을 그렸어요.

✿ 『3초 다이빙』 정진호

: 이기고 싶지도 않고 달리기도 느린 남자아이의 이야기를 통해 성별 고정관념에 대해 생각해봐요.

'식세기 이모님'과
평등한 언어생활

'식기세척기 이모님 들였어요. 설거지가 편해져서 좋아요.'

가전계 3대 이모님을 아시나요? 설거지를 대신 해주는 식기세척기, 빨래를 빠르게 말려주는 건조기, 스스로 청소를 하는 로봇청소기를 '3대 이모님'이라고 부른다고 합니다.

왜 최신형의 가전제품에게 '이모님'이라는 별명이 붙은 걸까요? 대가를 받고 가사 노동을 도맡아서 해주는 가사도우미를 그동안 '이모님'이라는 존칭으로 불러왔기 때문일까요? 아니면 집안일은 어쨌든 여성의 몫이라는 편견이 들어 있기 때문일까요? 그러면 왜 고모님이 아니라 하필 이모님일까요? 식당 이름에도 '시엄마 밥상' 대신 '장모님 밥상'이 일반적인 이유는 무엇인지 생각해보셨나요?

만약 집 안에서 친숙하게 사용하는 무생물에게 사람을 지칭하는 애칭을 붙여주는 것이 자연스러운 문화라면 어떤 물건에게는 '삼촌'이나 '아버지' 등의 별명이 붙을 법도 한데 아직 들어본 적이 없습니다. 이를테면 보통 '남성의 일'이라고 여겨져왔던 기계 등에 '드릴 삼촌', '공구박스 아버지'라는 별칭이 붙는다든지 말이죠.

재미있는 것은 유독 신조어나 별명 등에 여성과 관련된 표현들이 많다는 것입니다. '자유 부인'이라는 말도 그렇습니다. '자유 부인'이란 육아 혹은 집안일에서 해방되어 친구를 만나거나 자신만의 여가 생활을 즐기는 유부녀를 말합니다. 그런데 '자유 남편'은 없습니다. 그렇다면 자유라는 것은 남편에게는 원래 귀속되어 있고 부인에게는 추가적으로 획득해야 하는 개념인 걸까요?

여성에게만 주어지는 또 다른 별명에 대한 경험을 한 적이 있습니다. 어느 날 택시 전용차로가 여러 개 있는 모 광역시의 기차역 앞을 걷고 있었습니다. 놀랍게도 한 검은 승용차가 기차역을 향해 역주행하는 것을 목격했어요. 택시들이 승객을 태우고 빠져나오는 그곳으로 검은 차는 머리를 들이대고 있었습니다.

그때 제 옆에 있던 행인이 외쳤습니다.

"미친 거 아냐? 저거 저거, 김 여사네. 김 여사 맞지?"

목소리가 어찌나 큰지 듣고 싶지 않은 혐오 표현을 정통으로 듣고 말았어요. 더 놀라운 건 '김 여사'라는 단어를 발화하는 분 역시 중년의 여성이었습니다.

기차역에서 나오는 택시들이 여러 번 경적을 울렸습니다. 하마터면 큰 사고가 날 뻔한 위험한 순간이었어요. 그 사이 기차역으로 조금 더 가까이 다가간 저와 행인들은 운전자의 존재를 육안으로 확인했습니다. 여성이 아닌 중년 남성이었어요.

"뭐야, 김 여사가 아니네? 근데 남자가 운전이 왜 저래?"

중년 여성인 행인은 운전자의 얼굴을 보지 않았을 때는 운전자를 '김 여사'로 지칭했다가, 그의 존재를 확인하고는 이상하다는 듯 서둘러 발걸음을 옮겼습니다. "남자는 운전을 그 따위로 할 리가 없는데 참 희한하네"라는 자체적 결론을 내리시면서요.

'김 여사'라는 단어를 들으면 여자는 운전대를 잡으면 안 될 것 같습니다. 도로에서 민폐를 끼치고 역주행을 할 수도 있는, 운전에 미숙한 여자들을 싸잡아서 '김 여사'로

부르고 있으니까요. 하지만 실제 교통사고 가해자 통계를 보면 남성 비중이 여성에 비해 훨씬 높습니다. 그렇다면 운전대를 잡으면 안 되는 남성들에게 '김 남편'이나 '김 부군'이라는 별명이라도 지어야 할까요?

이 외에도 우리 주변에는 어딘가 불균형스러운 언어가 많습니다. 결혼한 여성들은 남편을 '신랑'이라고 곧잘 부르는데요. '신랑'은 신혼 초의 남편을 이르는 말입니다. 이에 대응하는 단어는 '신부'이고요. 하지만 결혼한 남성들이 자신의 배우자를 "우리 신부가"라고 하는 것은 들어본 적이 없어요. 대부분 '와이프', '아내' 등의 단어를 쓰죠.

'맘충'은 또 어떤가요. 엄마를 뜻하는 'mom'에 혐오의 정서를 축약한 '충'을 접해서 만든 신조어입니다. 대개 아이 엄마들이 민폐를 끼치는 상황에서 두루 사용하지요. 그런데 말이에요. 아이는 같이 만들었는데 벌레는 엄마만 됩니다. '파파충'은 아무도 안 쓰거든요.

오해하지 마셨으면 합니다. 여자 비하 단어가 많으니까 남자 비하 단어도 만들자는 것이 결코 아닙니다. 그저 우리가 인지하지 못하고 있던 어딘가 삐그덕대는 언어 세계를 차분히 되돌아보자는 겁니다.

'식세기 이모님'과 '자유 부인'이라는 단어는 반드시 그 용어를 써야 하는 상황이 아님에도 사용됨으로써 성별 고정관념과 편견을 강화합니다. '김 여사'나 '맘충'은 여성들 자신에게는 검열을 하게 하고, 타 여성에게는 엄격한 잣대의 판단을 들이대게 합니다. 실제로 운전을 하는 여성들이 엄청난 피해를 주는 것이 아닌데도, 모든 엄마가 남에게 피해를 주는 사람이 아닌데도 이러한 단어는 너무나 쉽게 들립니다. 명백하게 혐오적인 표현들, 그냥 재밌자고 사용해도 괜찮은 걸까요?

언어의 사용에서 드러나는 은근한 차별은 정말 예민하게 들여다보지 않으면 그냥 지나치기 쉽습니다. 남들이 쓰기 때문에 아무런 비판 없이 사용하는 것도 주체적이지 못해 안타깝습니다.

어떤 어른들은 아이들에게도 편견을 강화하는 단어를 사용합니다. 남자아이가 공격적이거나 과격한 행동을 했을 때, 씩씩하게 행동했을 때 "상남자네" 하고 한 단어로 퉁쳐버리는 겁니다. 남자다운 것이 무엇이기에 '남자 중의 남자'는 칭찬처럼 쓰이는 걸까요? 반면 여자아이가 얌전하고

예쁜 것을 좋아할 때 "여자답네"라고 평가해버리죠. 성별에 따른 역할 기대가 다르고 그것이 언어로 발현되기 때문입니다.

지금부터 우리가 해야 할 일은 또 다른 신조어를 만드는 일이 아닐 겁니다. 언어의 쓰임새에도 성별에 따른 고정관념이 존재함을 인지하고, 불균형적인 단어를 사용하지 않는 것이 중요하다고 생각해요. 집단을 싸잡아서 비하하는 용어는 폐기하는 것이 또 다른 비하를 없애는 가장 효과적인 길일 테니까요.

아이와 평등한 언어생활 함께하기

1. '외가' 대신 '어머니 본가', '친가' 대신 '아버지 본가'로 동등한 언어를 사용해요. '친할 친(親)', '바깥 외(外)' 자를 써서 구분하는 것을 허물고 풀어 쓰자는 취지예요. 할머니, 할아버지를 지칭할 때 '친', '외'를 붙이는 것보다 지역 이름을 붙여 사용하는 것도 좋아요.

2. 아이들에게 '공주', '왕자'라고 부르는 표현도 사랑스럽지만 다른 애칭들도 함께 사용해주세요.

3. 미디어에 등장하는 표현 중에 성별 고정관념을 강화하는 말이 있다면 함께 비판해봐요. 예능 프로그램을 함께 시청하고 자막에 집중해보면 쉽게 이야기 나눌 수 있을 거예요. 예를 들어 여성 출연자에게 '애교', '러블리' 혹은 '아줌마'라는 수식어를 붙이거나 남성 출연자에게 '남자다운', '젠틀맨', '신사' 등의 꾸밈말을 사용하는 것 등이에요.

4. 무심코 붙이는 '여(女)' 자를 주의하도록 해요. 여의사, 여변호사, 여경, 여배우, 여학생, 여교수, 여기자 등. 우리 사회는 직업 앞에 '여'를 붙이는 것을 자연스럽게 여기던 때가 있었어요. 직업이나 지위 등에

서 남성들이 자리를 차지하는 것이 자연스러웠기 때문에 특별한 케이스인 여성에게 접두사를 붙였던 거죠. 이제는 습관적으로 써오던 표현을 조심하면 좋겠지요.

친구 사이에도
권력이 있습니다

지난 2018년 대한민국을 가장 떠들썩하게 했던 키워드가 무엇인지 기억하시나요? 바로 '미투 운동'입니다. 과거에 성폭력을 당한 피해자들이 당시에 말하지 못했던 피해 사실에 대해 '나도 당했다' 발언하는 행위였지요. 이를 통해 그간 알려지지 않았던 다수의 성폭력 사건이 수면 위로 떠오르고 개인, 조직 폭력 문화의 민낯이 드러났습니다.

"왜 그때 얘기하지 않았냐."

피해자들에게 가장 빈번하게 쏟아지는 2차 가해의 발언이 수없이 따라왔습니다. 지난 기억을 떠올리며 그 질문을 저에게 적용해봅니다. 학교에서 계단을 내려오는데 뒤에서 불쑥 손이 나타나 내 가슴을 움켜쥐고 달아난 어떤 오빠,

만원 지하철에서 내 쪽으로 몸을 붙이고 살을 부비던 아저씨의 불쾌한 몸짓, 달리는 지하철의 의자 뒤편 블랙 미러에 자신의 휴대폰 액정이 비치는 줄도 모르고 맞은편에 앉아 휴대폰 카메라로 내 다리를 찍는 것에 열중한 남자, 쉴 새 없이 남자랑 자봤냐고 물어보던 택시 기사.

왜 제가 그때 말하지 않았냐면, 그것이 성폭력인지 몰랐습니다. 하지 말라고 해서 달라질 것이 없을 것 같아 말하지 못했습니다. 내가 당한 것이 '불법 촬영'이라고 명명되던 시절이 아니었습니다. 시끄럽게 소리 내면 맞거나 죽임을 당할 수도 있다는 생각에 그렇게 하지 못했습니다.

미투 운동을 보고 어떤 사람들은 말합니다.

"그 정도도 안 당하고 사는 사람이 어디 있어. 그냥 똥 밟았다 생각하면 되는 거지. 예민하기는."

하지만 단순히 운이 나빴다고 여기기에는 너무나 높은 확률로 우리 주변에 크고 작은 성폭력이 존재해왔습니다. 개인의 운이 아니라 사회적 분위기가 폭력을 용인했던 것이지요.

미투 운동에 참여한 피해자들은 더 이상 숨지 않았고 두려워하지 않았으며 자신만의 언어로 가해자의 폭력을 이야기했습니다. 용기 있는 사람들 덕분에 조심하는 분위기가 생겼습니다. "요즘 세상이 무서워서 뭔 말을 못해"라는 이야기가 심심치 않게 들릴 정도이니까요.

몇 년 전 학교에서 교사 단체 워크숍이 있었습니다. 반나절의 일정으로 함께 관광버스를 타고 교외로 나가 좋은 경치를 보고 식사와 회의를 함께하는 시간이었어요. 화기애애한 분위기는 목적지를 향하는 버스 안에서 깨지고 말았습니다. 교장 선생님께서 기분이 좋으신지 이동하는 내내 마이크를 잡고 재미있는 이야기를 들려주셨기 때문인데요.

그 재미있는 이야기란 이런 것이었습니다. 한 부부가 있었는데 아내가 남편과 잠자리를 원합니다. 남편을 유혹하기 위해 남편 퇴근 시간에 맞추어 발가벗고 침대에 보란 듯이 누워 있습니다. 그러자 그 모습을 본 남편이 이렇게 말합니다.

"왜 주름 옷을 입고 있어? 그 옷 벗어!"

이와 비슷한 성적인 이야기를 교장 선생님은 계속 떠들어댔습니다. 어떤 분들은 그 이야기를 듣고 깔깔대고 웃었지만 저는 하나도 재미있지 않았습니다. 불쾌하기만 했지요. 교장 선생님께서 미투 운동 전에 퇴임하셨기에 망정이지, 교육 현장에서 계속해서 그런 이야기를 했다면 어땠을까요?

이러한 일을 방지하기 위해 공공기관이나 사기업에서도 주기적으로 성희롱·성폭력 예방 교육을 실시하고 있었습니다만, 저희 교장 선생님은 열심히 듣지 않으신 모양입니다. 사실 연수 시간에 강조하는 강사의 외침보다 가장 강력한 한 방은 말 한 번, 손 한 번, 아랫도리 한 번 잘못 간수했다가는 큰일 난다는 학습일 것입니다.

미투와 함께 사용되는 용어가 있습니다. '권력형 성폭력'입니다. 권력은 남을 복종시키거나 지배할 수 있는 공인된 권리와 힘입니다. 때문에 대개 권력의 주체는 집단이나 거대한 힘을 가진 무엇이 휘두르는 것으로 연상되기 쉽습니다. 그러나 개인 사이에도 권력은 늘 작용합니다. 권력은 나보다 나이가 많은, 힘이 센, 경력이 많은, 책임지는 일이 많은, 발언권이 강한 존재로부터 발생되기 쉽습니다. 앞선 이야기에서 교장 선생님이 마이크를 잡고 당당하게 다수를 성희롱할 수 있었던 것은 그가 학교에서 가장 강한 권력을 가진 사람이었기 때문이죠. 어리고 여성인 제가 똑같은 이야기를 버스에서 마이크를 잡고 할 수 있었을까요? 그런 얘기를 했다면 저에게 돌아오는 평가는 화기애애한 웃음이 었을까요, 비난이었을까요?

가정, 교실, 회사, 사적 모임 어디서든 둘 이상이 모인다면 권력은 만들어질 수 있습니다. 학교도 예외는 아니겠지요. 물론 친구 사이에도 권력은 있습니다. 학생들에게 있는 힘은 교사의 권위와는 조금 다릅니다. 어쩌면 교사의 힘보다 권력 있는 한 학생의 목소리가 더 크게 작용할 수도 있습니다. 힘이 세다는 것은 단순히 덩치가 크고 강한 주먹을 가졌다는 의미가 아닙니다. 그 학생의 말에 귀 기울여줄 사람이 많다는 것, 어느 방면에서 뛰어나 인정을 받는다는 것, 다수의 편에 속하는 것 등입니다. 대세에 속하면서 자기편이 많은 학생이 권력을 가진 사람인 것이지요.

🏃 건강한 관계의 기본

권력은 항상 상대적입니다. 나와 절친이 일대일 관계에 있을 때는 나의 주장이 더 잘 먹힐 수도 있지만, 그 두 사람이 세 명의 무리와 만나면 힘에서 밀릴 수 있습니다. 우리 다섯은 함께 있으면 즐겁지만 한 학급에서는 소외당하는 어떤 무리가 될지도 모릅니다.

나이도 같고 아는 것도 비슷하고 만난 곳도 공통의 공간인데 과연 권력은 어떻게 작용할까요? 이는 매우 간단한 질문으로 판단할 수 있습니다. '의사결정을 할 때 한쪽이 상대방의 눈치를 보게 되는가'입니다. 주체적인 결정이 비난받지 않고 존중받는가, 자기 의견을 거리낌 없이 이야기할 수 있는가. 즉 '우리의 관계가 조건 없이 평등한가', 그것을 따져보면 되는 것입니다.

만약 친구가 떡볶이를 먹으러 가자고 하는데 먹기 싫다면 싫다고 솔직하게 얘기할 수 있는 관계가 건강한 관계입니다. '저번에 떡볶이 먹고 배탈 나서 오늘은 먹기 싫은데……. 내가 싫다고 하면 친구가 짜증 내니까 그냥 가만히 있어야겠다'라고 생각하면서 있는 그대로 표현하지 못한다면 그건 좋은 관계가 아닌 거죠.

관계에서 권력에 끌려다니는 것은 친구와 간식을 먹는 문제에서 끝나지 않습니다. 아이가 자라서 애정을 나누는 파트너를 만나게 되면 더욱 중요해집니다. 크고 작은 의사

결정, 스킨십에 대한 허용, 연락이나 만남 횟수에 대한 중요도, 서로의 인간관계에 대한 관심, 가치관 등 의견 차이가 벌어질 수 있는 상황이 지속적으로 발생합니다.

서로 믿음과 애정을 쌓아가는 관계에서 발생하는 폭력은 더 큰 상처로 돌아옵니다. 이러한 상처는 친구, 연인뿐 아니라 가족, 동료 등 어떠한 관계에서든 만들어질 수 있습니다. 그러니 세상에는 나와 비슷한 사람만 있는 것이 아니라 힘으로 다른 사람을 좌지우지하려는 사람이 있다고 알려주시면 좋습니다.

'우리 아이는 절대 그런 일을 당할 일 없을 거야.'

기대와 생각은 언제나 우리가 원하는 방향으로만 흘러가지는 않습니다. 권력형 폭력의 피해자들은 무엇을 잘못해서가 아니라 단순히 운이 나빠서 피해를 입은 경우가 대부분입니다. 길을 지나가다가 흙탕물을 뒤집어쓴 것과 비슷합니다. 그러니 다른 사람의 힘에 억눌리지 않도록, 또는 자신이 가진 권력을 함부로 휘두르지 않도록 무엇이 힘인지 알려주시는 것이 좋습니다. 예전의 저는 폭력을 당하고도 폭력인지 몰랐지만, 우리 아이들은 더 이상 그런 환경에서 자라서는 안 됩니다.

개인의 의식 향상과 더불어 함께 관심을 기울여야 할 것은 흙탕물을 보고도 방치하는 사회적 분위기입니다. 힘의 논리에서 억압을 당하는 개인들이 발생하지 않도록 늘 주변을 살폈으면 합니다.

성폭력에 대해 알려주는 도서

✿ 『인어 소녀』 도나 조 나폴리 글 | 데이비드 위스너 그림

: 심리적 지배에 의한 그루밍 성폭력의 모습을 잘 나타낸 그래픽 노블이에요. 자신의 몸과 주체성을 지킬 수 있도록 돕습니다.

✿ 『비밀을 말할 시간』 구정인

: 과거에 당한 성추행 피해를 친구에게 털어놓고 도움을 받음으로써 회복해나가는 주인공의 이야기가 담긴 만화입니다.

아이가 권력에 억눌리지 않도록 지도해주세요

1. 싫으면 거절해도 된다고 알려주세요. 싫다고 표현했는데도 지속적인 압력이 있다면 주변에 도움을 요청해도 된다고 말해주세요.

   "네가 무언가 마음에 걸려서 다른 사람이 하는 제안을 받아들일 수 없으면 싫다고 해도 돼. 나쁜 짓 같아서, 옳지 못한 것 같아서, 나에게 위험할 것 같아서 등등 이유는 여러 가지야. 너의 느낌을 믿어도 돼. 만약 싫다고 했는데 상대방이 불쾌해해도 어쩔 수 없어. 그건 상대방의 몫이야."

   ※ 『처음 배우는 동의, 싫다고 말하자!』를 아이와 함께 읽어주세요. 거절해야 하는 상황과 아닌 상황에 대해 어린이가 알기 쉽게 안내합니다.

2. 친구나 연인이 자신을 존중하는 행동이 무엇인지 생각할 기회를 주세요.

   "만약 어떤 친구 혹은 너를 좋아하는 사람이 하루에 몇십 개씩 메시지를 보내면 어떨까? 그건 애정과 관심이라고 말할 수 있을까? 네가 원하지 않았는데 집 앞에 찾아오거나, 교실 앞에서 기다리는 것은 어떨까? 다른 친구랑 노는 것이 질투난다며 여가 시간은 무조건 자기랑만 보내야 한다고 말하는 것은 어때? 존중이라는 것은 단순한 거야. 내가 여태껏 꾸려왔던 일상을 편안하게 이어갈 수 있게 인정해주는 거야. 네가 그 사람을 만나기 전보다 너무 많은 것을 희생하고 일상을 포기해야 한다면, 그건 아마도 건강한 관계가 아닐 거야."

3. 폭력은 때리는 것만이 아니라 여러 형태로 존재함을 알려주세요.
   ※ 『두들겨 패줄 거야!』를 함께 읽어주세요. 모든 종류의 폭력에 대해서 알려주는 철학 그림책입니다.

4. 나를 신체적·정신적으로 파괴하는 관계에서는 반드시 벗어나야 한다고 말해주세요. 사회적 지위가 높고 훌륭하고 유명한 사람일지라도 자기에게 피해를 준다면 좋은 사람이 아니라는 것을 알려주세요.

5. 평소에 아무리 잘해줄지라도 나의 인간관계를 약하게 만들고 고립되게 하려는 사람은 나쁜 사람이라고 설명해주세요.
   "어떤 사람들은 말은 정말 달콤하고 친절한데, 그런 어투로 상대방을 바꾸려고 하는 경우가 있어. 예를 들어 이런 옷을 입어라, 그 친구는 만나지 말아라, 이런 수업을 들어라, 이런 말투로 말해라 등등. 네가 하는 행동이 건강을 해치거나 남에게 피해를 주는 행동이 아닌데도 너 스스로를 감시하게 만드는 거지. 그렇게 세뇌를 통해 상대방의 사고방식을 바꾸려는 행위를 '가스라이팅'이라고 해."

6. 내가 다른 사람에게 권력을 휘두를 수도 있다고 말해주세요. 상대방의
   의사를 살필 때 적극적인 동의가 중요하다는 것을 기억시켜주세요.
   "인간관계에서 중요한 것은 상호작용이야. 때로는 너도 모르게 네가
   권력에서 우위에 있을 수 있단다. 그럼 상대방은 거절하고 싶어도 분
   명히 말하지 못할 수도 있어. 미소 짓기, 대답 미루거나 회피하기, 모
   호한 대답 같은 반응은 적극적인 동의가 아니란다. 그러니 다른 사람
   의 언어나 표정을 잘 살펴야겠지?"

7. 진정한 동의에 대해서 설명해주세요.
   "진짜 동의라는 것은 적극적이어야 해. 스스로 원하는 것을 거리낌
   없이 표현할 수 있어야 하는 거야. 또, 동의는 '지금' 이루어지는 것
   이어야 해. 지난번에 오케이 했다고 해서 오늘도 그렇다는 것은 아니
   야. 마지막으로 동의는 편안하고 평등한 상황에서 이루어져야 해. 누
   군가가 눈치를 보는 상황에서는 진정한 동의가 이루어지기 힘들어.
   이 원칙들은 네가 동의를 구하는 상황이든 동의를 하는 상황이든 똑
   같이 지켜야 해."

성교육 책,
무엇을 읽혀야 할까요?

"입학 전에 성교육 책 뭐 읽혀야 하나요?"

"아이가 성에 대해 궁금해하는데 어떤 책을 선물하면 좋을까요?"

양육자들이 성교육에 대해 고민하는 시기에 가장 자주 하는 질문입니다. 아이가 올바른 성을 배우고 자라길 바라는 취지에서 좋은 책이 함께한다면 더없이 좋은 가정교육이 될 것입니다.

왜 양육자들은 직접 가르치기보다 책으로 성교육을 시키려고 할까요? 그리고 좋은 성교육 책이란 과연 무엇일까요?

책으로 이루어지는 성교육에는 다음과 같은 기대가 들어 있습니다.

'요즘 트렌드에 맞는 교육 방법이 들어 있을 거야.'

'내가 지금 가르치기 껄끄럽기도 하고, 어설프게 알려주느니 책으로 가르치는 게 더 나을지도 몰라.'

'성에 대해 제대로 알려주면서도 불필요한 자극을 주지 않으려면 책이 좋은 도구야.'

그러나, 단언컨대 이러한 기대를 모두 만족시키는 단 몇 권의 성교육 책은 없습니다. 좋은 성교육 책이 세상에 전혀 없다는 말일까요? 그것이 아닙니다. 한두 권의 성교육 기획 책으로는 양질의 성교육이 불가능하다는 말입니다.

성교육은 자신의 존재를 긍정적으로 인지하는 데서 시작해 건강한 관계를 맺는 방법을 아는 데까지 그 범위가 매우 방대합니다. 때문에 성교육은 인성 교육이자 인권 교육, 삶에 대한 교육인 것이지 책 몇 권으로 끝낼 수 있는 단편적인 교육이 아닙니다.

시중에 나와 있는 몇 권짜리 기획 성교육 책에 들어 있는 내용은 그 범위가 매우 협소합니다. 생명 탄생, 사춘기, 성기, 청결, 성범죄 피해 예방 정도의 주제에서 머무르죠. 이런 주제들은 양육자들이 어린 시절 '성교육'이라고 생각했던 범위에 불과하지 진짜 성교육이 되지 못합니다. 심지어 어떤 성교육 책에는 인간의 몸에 대해 왜곡된 시선을 심어주는 삽화가 실려 있거나 잘못된 성에 대한 인식을 전달하기도 합니다. 솔직히 말씀드리자면 안 보여주느니만 못한 나쁜 책도 꽤 많습니다.

👫 좋은 성교육 책의 기준

그렇다면 좋은 성교육 책이란 무엇일까요? 먼저 우리가 알고 있는 성기, 임신, 사춘기, 성폭력 중심의 주제에만 집중하지 않는 책이어야 합니다. 이러한 주제들은 성교육에서 빼놓을 수 없지만 중심이 되어서는 안 됩니다. 포괄적 성교육에서 말하는 관계, 가치, 젠더, 안전, 건강, 인간 신체, 섹슈얼리티를 모두 아우르면서 성인지 감수성이 뛰어난 책이어야 합니다. 그러니 단 몇 권의 단행본으로는 제대로 된 성교육을 할 수 없습니다. 최소 50권에서 200권의 도서를 꾸준히 읽어야 가정에서 책으로 성교육을 했다고 말할 수 있는 것입니다.

성에 대한 책만 그렇게 많이 읽혀야 하는지 궁금해하실 수 있습니다. 자녀 교육과 도서에 관심이 많은 분이라면 성교육 책이 그렇게나 많이 나와 있는지 의아해하실 수도 있습니다. 다행히 부담 가지실 필요가 없습니다. 좋은 그림책과 문학으로도 뛰어난 감수성을 심어줄 성교육이 가능하니까요.

좋은 성교육 책의 기준을 알고 싶다면 『오늘의 어린이책』을 먼저 읽어보시기를 추천합니다. 이 책은 어린이, 청소년에게 성인지 감수성을 키워주면서 포괄적 성교육을 가능하게 하는 그림책과 동화, 청소년 소설 도서 목록 354권을 소개하는 도서입니다. 평론가, 교수, 편집자, 교사, 작가 등의 전문가 집단이 어린이들에게 자신 있게 권할 수 있는 책을 엄선한 결과물이에요. 2018년 시행되었던 '나다움어린이책' 교육문화사업이 그 시초입니다.

나다움어린이책은 성인지 감수성을 바탕으로 자신과 타인을 긍정하고 다양성과 공존을 지향하는 어린이책을 추천하는 프로젝트였습니다. 이 프로젝트에서 내세운 가치는 세 가지였습니다.

첫째, 나와 남을 있는 그대로 긍정하는 '자기긍정'의 가치.

둘째, 서로 다름을 존중하는 '다양성'의 가치.

셋째, 서로 배려하고 평등하게 연대하는 '공존'의 가치.

인하대학교대학원 아동심리학과의 분석에 따르면 이 책은 "아동 발달에 적절한 수준의 포괄적 성교육 개념을 포괄하였다"라고 말하고 있어요.

『오늘의 어린이책』이 소개하는 책이 왜 성교육에 적절한가에 대한 근거는 '어린이책의 서사와 인물에 던지는 26가지 질문'에서 찾을 수 있습니다.

어린이책의 서사와 인물에 던지는 질문		
기준 질문	범주	가치
1. 인물이 고정관념에서 벗어나 자기 발견과 성장을 추구하나요?	주체성	자기 긍정
2. 인물이 타인에게 의존하지 않고 독립적으로 자아를 찾아가나요?	주체성	
3. 인물의 개성이 성별 고정관념으로 결정되지는 않나요?	주체성	
4. 생명의 탄생 과정을 있는 그대로 알려주고 있나요?	몸의 이해	
5. 몸의 성장과 변화를 긍정적으로 바라보고 있나요?	몸의 이해	
6. 인물이 성별 차이 없이 다양한 영역에서 활동하나요?	일의 세계	
7. 인물이 성별 차이 없이 다양한 지위에서 동등한 역할을 하나요?	일의 세계	
8. 여성 인물의 노동을 본인, 가족, 동료, 사회가 존중하나요?	일의 세계	
9. 다양한 가족 형태를 긍정적으로 보여주나요?	가족	다양성
10. 모든 가족 구성원의 의사 결정권이 존중되나요?	가족	
11. 가사 노동과 돌봄 노동에 모든 가족 구성원이 능동적으로 참여하나요?	가족	
12. 사회적 약자의 자기 발견과 성장을 편견 없이 보여주나요?	사회적 약자	
13. 사회적 약자가 보조적인 인물로만 등장하지는 않나요?	사회적 약자	
14. 다양한 계층과 문화권의 여성을 현실적으로 보여주나요?	사회적 약자	
15. 표정, 자세, 차림새 등의 그림이 성별 고정관념에 따라 표현되지는 않나요?	표현	

16. 비인간 등장인물이 성별 고정관념에 따라 의인화되지는 않나요?	표현	다양성
17. 배경 그림에서 인물과 상황의 묘사가 성별 편견 없이 다양한가요?	표현	
18. 혐오와 차별에 반대하는 내용을 담고 있나요?	혐오 반대	
19. 사회적 약자에 대한 혐오가 드러나지는 않나요?	혐오 반대	
20. 인물에 관한 평가와 보상의 기준이 성별 차이 없이 적용되나요?	사회적 인정	공존
21. 여성 인물의 사회적 기여를 현실적으로 보여주나요?	사회적 인정	
22. 어린이에게 자기 몸에 대한 권리를 알려주고 있나요?	안전	
23. 어린이의 안전을 지키고, 위험에 노출된 어린이가 안정감을 되찾도록 돕고 있나요?	안전	
24. 사회적 약자가 서로 연대하고 협력하는 모습이 드러나나요?	연대	
25. 등장인물이 성별 관계없이 서로 존중하고 배려하나요?	연대	
26. 등장인물이 사회적 약자에 관한 편견에 함께 저항하나요?	연대	

위의 표는 일종의 '거름망'이라고 받아들이시면 됩니다. 이 세상에 있는 수많은 책 중에서 뛰어난 성인지 감수성을 가진 책을 골라내기 위한 체크리스트인 것이죠. 이 표를 보면 성인지 감수성이라는 것은 특별하고 대단한 것이라기보다는 '모든 인간을 존중하기 위함'이라는 것을 알 수 있습니다.

아이에게 올바른 성교육을 시켜주기 위해 도서관이나 서점을 찾으신다면 그것만으로도 정말 훌륭한 양육자라고 할 수 있습니다. 하지만 바쁜 양육자가 책을 깊이 들여다보

무심코 고른 한 권의 책이
아이의 가치관을 바꿉니다.

지 못한 채 성교육 책을 아이에게 건넨다면, 운이 나쁜 경우 좋은 교육은커녕 아이는 생명 탄생 과정이나 몸의 변화가 음란한 것이라고 여길 수도 있고, 성별에 대한 고정관념을 얻어갈 수도 있습니다.

아이에게 좋은 책을 골라주시길 원한다면 『오늘의 어린이책』이 이야기하는 책을 고르는 기준을 꼭 참고해주세요. 유아가 즐겁게 읽을 수 있는 그림책부터 동화와 청소년 소설까지 다양하게 소개됩니다. 아이에게 책을 골라주려는 시도를 하시는 김에 약간만 더 신경 써주신다면 아이는 더없이 좋은 책의 세계를 만날 수 있을 것입니다

"좋은 성교육 책 추천해주세요"라고 질문하며 다섯 권 미만의 목록을 원하셨다면 실망하실 수 있습니다. 그 정도의 목록은 좋은 성교육을 위해서는 한참 부족합니다. 『오늘의 어린이책』이 소개하는 354권의 책 중 아이가 원하는 것부터 한 권 한 권 읽어보시길 권합니다. 포괄적 성교육에 관한 모든 주제를 경험하실 수 있을 거예요. 더 완전하게 교육하고 싶으시다면 이 책 목록을 모두 함께 읽는 챌린지를 진행해보는 것도 좋겠습니다.

가해, 피해 예방 대신
방관 예방 교육

"선생님, ○○이가 ○○이 때렸어요!"

저학년 교실에서 아이들과 함께하다 보면 매 쉬는 시간마다 제보가 들어옵니다. 자기 일이 아니거나 별다른 일이 아닌데도 교실 안에서 일어나는 부조리한 일들을 관찰하고 선생님께 전달하기를 좋아하는 것이 저학년 학생들의 특성이기 때문입니다. 아이들은 '착한 사람이 되어야 한다'는 신념을 지키기 위해 자신만 알고 있는 사실을 선생님께 빨리 전달하는 일에 참으로 적극적입니다.

학생들의 이러한 모습은 고학년이 되어가면서 차츰 희미해집니다. 자기 일이 아닌 타인에게 생긴 부조리함은 그냥 넘어간다든지, 잘못된 것을 알면서도 교사에게 굳이 알리지 않고 지나가는 경우도 생깁니다. 이것을 보고 '고학년이 되면서 도덕성이 떨어진다'고 단순하게 말하긴 어렵습니다. 학생들은 다른 방식으로 고차원적 도덕성을 습득하고 있으며, 동시에 사회화되고 있는 과정이기도 하기 때문이에요.

중요한 것은 잘못된 것을 보고 알고도 넘어가는 것과 그냥 모르는 것은 조금 다르다는 것입니다.

이러한 상황이 있다고 가정해봅시다.

A가 B를 주먹으로 때리고 있습니다. 명백한 폭력의 현장입니다. C와 D는 폭력 현장 주변에 있던 목격자입니다. C는 이유야 어쨌든 A가 물리적 폭력을 행하는 것이 불편합니다.

'B가 아프겠다.'

하지만 보복이 두려워 모르는 척하기로 합니다.

D는 맞고 있는 B를 아무 생각 없이 바라봅니다.

'그럴 수도 있지. B가 잘못했으니까 맞아도 싸.'

C와 D는 똑같이 폭력 현장을 방치한 사람으로 보입니다. 그렇지만 두 사람의 내면을 들여다보면 조금은 다릅니다. C는 폭력에 대한 불편함을 느낀 사람이고 D는 무엇이

잘못된 것인지 전혀 알아채지 못한 사람이기 때문이지요.

물리적 폭력뿐 아니라 다양한 차원에서의 폭력이 학교에서도 일어납니다. 학교 폭력, 줄여서 '학폭'. 양육자들이 우리 아이와 함께 떠올렸을 때 가장 끔찍하게 여기는 단어입니다. 학교에서는 교육지원청과 경찰과의 긴밀한 협의를 통해 학교 폭력을 예방하고자 많은 노력을 합니다만, 폭력은 어른이 생각지 못한 곳에서 발생하기도 합니다. 특히 학교 폭력은 성적인 문제 혹은 사이버 불링과 연관되면 그 심각성이 더해집니다.

실제 학교에서 발생했던 사례를 각색한 일입니다.

[사례 1] 초등학교 고학년 학생들이 단체 채팅방을 생성. 동네에서 몰려다니던 학생들 중심으로 각 반에서 몇 명씩만 채팅방에 입장. 채팅방에서 무료로 포르노를 볼 수 있는 사이트를 공유. 밤새 스마트폰으로 영상을 보던 학생들이 등교 후 수업 시간에 집중을 하지 못해서 발각.

단체 채팅방을 통해 발생한 전형적인 성적 표현물 공유 사건입니다. 이 채팅방을 통해 포르노에 중독된 몇몇 학생들이 교실에서 성에 대해 가볍게 여기는 분위기를 조성하게 되었습니다. 이 사건은 뚜렷한 가해자나 피해자가 드러나지 않는 사건입니다. 문제는 채팅방에 성적 표현물을 원치 않는 학생도 있었다는 것입니다. 더 놀라운 것은 공유된 것이 성인이 보기에도 거북할 정도의 수위가 높은 포르노였던 것입니다. 대개 여성을 학대하고 성적 대상화 삼는 내용의 표현물이었습니다. 결국 채팅방을 강제로 없애게 하고 채팅방에 입장한 학생 모두를 주의 경고할 수밖에 없었습니다.

[사례 2] 같은 반 학생 한 명이 마음에 들지 않는다고 여러 명이서 그 아이를 소외시키는 분위기를 만듦. 소외당한 친구는 외롭게 등하교할 수밖에 없었는데, 학생들이 혼자 등하교하는 학생의 모습을 몰래 휴대폰으로 찍어서 SNS에 올리고 '왕따'라고 조롱함. 제삼자들이 댓글에 비속어를 남김으로써 2차 가해.

오프라인에서의 따돌림이 사이버 불링으로 더욱 심화된 사건입니다. 동의 없이 초상권을 침해했음은 물론, 별다른 이유 없이 약자를 괴롭히는 폭력적인 모습입니다. 이러

한 행위는 표현의 방식이 달라진 것일 뿐 어느 때고 있어왔
던 폭력의 모습입니다.

> [사례 3] 교사 몰래 오픈 채팅방을 만들어서 반 친구들을 초대함. 채
> 팅방의 목적은 담임 교사 비방 및 욕설과 반 친구 험담. 채팅방에 대
> 해 누설하면 교실에서 가만두지 않겠다고 협박.

험담하는 행위에 대해 동조자를 만들면서 분위기를 정
당화시킨 일입니다. 어른들의 생각보다 오픈 채팅의 기능
은 어마어마합니다. 오픈 채팅은 학교 폭력뿐 아니라 각종
범죄 행위가 자주 벌어지는 곳이기 때문에 웬만하면 허용
하지 않는 것이 좋겠습니다.

학교에서 일어나는 폭력 행위에 대해 말할 때는 전직 교
사로서 참 조심스럽습니다. 괜한 걱정을 불러일으킬까 우
려되는 부분이 있기 때문입니다. 극히 일부의 사건을 이야
기하는 것이지만, 그 폭력의 수위가 상당히 세기 때문에 받
아들이는 분들께서 다소 충격받으실 수 있어요. 또한 소수
의 사례를 가지고 내 아이 주변에 잠재적 가해자가 있다고

오해의 눈길로 바라보실 가능성도 있기 때문에 그 부분이 참 어렵습니다. 그렇다고 '학교에서는 아이들끼리 절대 아무 일도 일어나지 않을 것이니 걱정하지 마시라'라고 하는 것도 거짓말입니다.

학교는 늘 안전을 최우선으로 여기는 기관입니다만, 학교의 구성원들인 학생들은 언제 어디로 튈지 모르는 것도 사실입니다. 교사가 아무리 애를 쓰고 들여다본들 어른들이 캐치하지 못하는 그들만의 세상이 늘 존재하기 때문입니다. 그래도 우리가 희망적으로 보아야 할 것은, 어린이와 청소년은 실수할 수 있고 무엇이 잘못인지 알려주면 배워 나갈 수 있는 존재라는 것입니다.

방관자가 되지 않을 예민한 감각

그렇다면 양육자들은 어떠한 감각으로 학교 폭력을 인지하고 있어야 할까요? 이제껏 행해지던 폭력 '피해' 예방 교육은 폐기되어야 합니다. 폭력은 예비 피해자가 미리 조심해야 하는 것이 아니라 누군가 '가해'하지 않으면 벌어지지 않는 일이니까요. 폭력 예방 교육은 '무엇이 가해인지'

알려주는 교육에서 시작해야 합니다. 중요한 것은 그다음입니다. 폭력의 의미, 가해 예방만 알려주는 것에만 머물러 있으면 '폭력은 나에게 벌어지지 않는 거라면 깊이 알지 않아도 되는 것'으로 여기기 쉽습니다. 그저 남의 일이 되어버리는 것이지요. 그래서 바로 '방관 예방'을 가르쳐야 합니다.

앞서 말씀드린 것처럼 우리 아이들이 학교 폭력에 피해 혹은 가해로 휘말리는 일은 확률적으로 매우 낮습니다. 보통은 별 탈 없이 잘 자라고 학교에서의 긴 시간을 잘 버텨 냅니다. 그렇기 때문에 보통의 우리 아이들에게 방관자가 되지 않을 예민한 감각을 길러주어야 합니다.

실제 학교에서 벌어지는 케이스를 보면 알 수 있습니다. 심각한 사건이 일어나기 전, 단 한 명이라도 미리 폭력의 낌새를 눈치채고 제보를 했다면 일이 더 커지는 것을 막을 수 있었던 것 말입니다. 안타깝게도 몰라서 그냥 넘어간 경우, 알아도 눈치 보여서 모르는 척한 경우가 대부분이죠. 더 이상 아이들이 방관자가 되게 내버려두어서는 안 됩니다. 자신의 친구가 피해를 입는다면, 자신과는 관계없는 사람이지만 뚜렷한 폭력 가해 징후가 보인다면 그것을 알아차릴 수 있는 능력을 키워주어야 합니다.

"세상이 흉흉하니 공공장소에서 누가 위험에 처해도 함부로 나서면 안 돼."

그렇습니다. 점점 공동체가 무너지고 개인화되는 사회에서 어른들도 방관하는 사람이 많아지고 있습니다. 그렇다고 아이들에게 정의의 투사가 되기를 가르치라는 것이 아닙니다. 폭력을 목격했을 때 움찔할 수 있는 감각, 적극적으로 대항하지 않아도 모르는 척 넘어가지 않기만을 바라는 양심. 두 가지만 알려주시기를 바라는 것입니다.

모든 폭력을 없애기 위해서는 교육만으로는 해결되지 않습니다. 법과 제도의 정비, 시민 의식, 실천 등이 모두 적절한 힘을 발휘해야 합니다. 거기다 자라나는 우리 아이들이 또렷한 눈빛으로 폭력의 행위를 똑똑히 감시하고 있다면 어떨까요? 아이들이 만들어갈 세상은 우리가 겪었던 것보다는 훨씬 더 평화로워질 것입니다.

폭력에 대해 말하고 연대를 가르치는 책

※초등 고학년 이상 추천

✿ 『13의 얼굴』 김다노 글 | 최민호 그림
: 동네에 만들어진 눈사람을 파괴하는 범인을 좇는 어린이들의 이야기예요. 폭력의 의미에 대해 생각해볼 기회를 줍니다.

✿ 『운하의 소녀』 티에리 르냉
: 친밀한 관계에서의 성폭력을 인식하고 헤쳐 나가려고 애쓰는 주인공의 모습이 담긴 동화입니다. 심리 묘사가 탁월하게 그려져 있습니다.

폭력에 대해 예민한 감각을 길러주세요

1. 주변을 살피는 따뜻한 사람이 될 수 있도록 말해주세요.

   "누군가 평소와 다르게 표정이 좋지 않거나, 기운이 없거나, 밥을 잘 먹지 않거나, 말수가 없어졌다면 도움이 필요한 상태일 수도 있어. 그럴 땐 '무슨 일 있어? 혹시 도움이 필요해?'라고 한마디만 툭 건네 보는 것도 좋아."

2. 공감하는 능력을 길러주세요.

   "장난이라는 것은 당사자뿐 아니라 주변 사람까지 모두 즐거워야 장난이라고 할 수 있어. 가장 쉬운 방법은 내가 만약 그 입장이었으면 어땠을까 바꾸어 생각해보는 거지. 다른 사람에게는 해도 괜찮지만 나에게 하는 것은 싫은 행동이라면 장난이라고 하기 어렵겠지?"

3. 폭력의 상황을 발견하는 것만으로도 대단한 것임을 알려주세요.

   "너는 아직 어리기 때문에 누군가 힘들어하는 것을 보고 도움을 주지 못할 수도 있어. 하지만 괜찮아. 적극적으로 누군가를 돕지 못해도 그럴 수 있어. 모든 도움은 폭력을 느끼는 것부터 시작하는 거야. 어떤 어른들은 무엇이 폭력인지 못 알아채기도 해."

위대하지만 인정받지 못하는
집안일에 대하여

앤서니 브라운의 『돼지책』을 아시나요? 엄마 위에 아빠, 그 위에 아이 두 명까지 업혀 있는 표지가 인상적인 그림책입니다. 혼자만 하던 가사 노동에 지친 피곳 부인이 어느 날 갑자기 사라져버리고, 남은 가족들이 집안일을 돌보기 시작한다는 이야기가 실려 있어요.

초등학교 수업 시간에는 교과서뿐 아니라 배울 주제와 관련된 여러 가지 자료를 교사들이 활용하는데요. 그림책 읽어주는 것을 좋아했던 저는 『돼지책』을 6학년 학생들과 함께 읽고 집안일에 대해 생각해보는 수업을 한 적이 있습니다. '집안일은 정말 많고, 그것은 엄마만의 몫이 아니다'라는 것을 가르치려는 의도는 좋았습니다만, 지금 돌이켜

보니 실패한 수업이었어요. 수업 말미에 '집에 가서 엄마의 집안일을 도우라'는 잘못된 결론을 학생들에게 전달했기 때문입니다. 엄마의 집안일을 '도와라'라는 말은 성인지 감수성이 떨어지는 발언입니다. 집안일의 책임자는 엄마라는 인식을 심어주기 쉽기 때문이에요. 가사 노동에 정신적 부담을 느껴야 하는 사람은 엄마가 아니라 그 집에 사는 모든 사람입니다. 함께 건강하게 살아가기 위해 어떤 일이 필요한지, 각자 무엇을 할 수 있는지 이야기하고 실행해가는 것이 중요합니다.

딸을 키우는 양육자 중에 이런 말씀을 하는 분도 간혹 계십니다.

"어차피 나중에 시집가면 맨날 할 거니까 키울 때는 집안일 안 시킬 거예요."

이 역시 '가사 노동의 책임은 여성에게 있다'는 고정관념이 들어 있는 생각입니다. 성별을 떠나 자기 몸은 스스로 챙기고 청결한 환경을 이루고 살 수 있는 자립심과 생활 습관을 모든 아이에게 길러주어야 합니다.

제 수업이 실패였던 가장 큰 이유는 교실에서 찾을 수 있었습니다. 가르쳤던 학생들 중에는 엄마가 안 계시는 아이들도 있었기 때문이에요. 엄마와 함께 살고 있어도 사정상 엄마가 집안일을 할 수 없는 경우도 있었고요. 이처럼 가족의 모습과 역할은 다양한데, 교사의 '엄마'라는 발언이 어떤 친구들에게는 얼마나 상처가 되는 말이었을까요. 지금 생각하니 괴롭고 미안합니다.

집안일은 그저 밥 한 끼 먹는 것, 청소, 빨래, 물건 정리만 가끔 하면 되는 하찮은 것이 아닙니다. 함께 사는 사람들을 모두 살리는 귀한 일이며 정당한 가치를 인정받아야 하는 노동입니다.

집안일과 가사 노동의 의미가 잘 그려진 그림책

✿ **『고양이 손을 빌려드립니다』** 김채완 글 | 조원희 그림

　: 고양이 노랭이가 산책을 좋아하는 엄마를 돕기 위해 집안일을 시작해요. 고양이가 요구한 대가는 얼마일까요?

✿ **『일곱 할머니와 놀이터』** 구돌

　: 귀여운 할머니들이 놀이터에서 왕년에 얼마나 잘나갔는지 자랑 잔치를 합니다. 그중에서 일곱 번째 할머니의 이야기를 귀 기울여 들어봐요.

✿ **『엄마의 초상화』** 유지연

　: 엄마는 엄마이기 이전에 미영 씨예요. 미영 씨는 걸레질도 잘하지만 여행을 좋아하는 멋쟁이랍니다.

모두가 참여하는 집안일 문화를 만들어봐요

1. 우리가 살아가는 데 어떤 가사 노동이 필요한지 모두 적어보세요. 가족회의 시간에 하면 더 좋습니다. '설거지'처럼 뭉뚱그려서 하기보다는 상세하게 적으면 더 좋습니다. 예를 들어 1) 내가 사용한 그릇과 식기 체크하기, 2) 기름기가 있는 식기는 따로 분리하거나 닦기, 3) 밥을 다 먹고 식기에 달라붙은 음식이 굳기 전에 싱크대에 넣고 물을 받아놓기, 4) 세제와 수세미를 활용하여 식기를 깨끗하게 닦기, 5) 물로 헹구기, 6) 식기가 잘 마를 수 있도록 건조대에 놓기, 7) 식기를 정리하는 곳이 있다면 다 마른 후 정리하기. 이렇게 한 번씩 적어보면 서로가 생각하는 집안일의 정의에 대해서 점검해볼 수 있습니다. 또한 서로에게 부탁할 때도 놓치는 것 없이 잘 진행될 수 있겠지요.

2. 가족 구성원의 건강 상태, 하는 일, 집에 있는 시간, 잘하는 것 등을 체크해서 할 수 있는 일을 배분하세요. 사람마다 좋아하는 일과 싫어하는 일의 취향이 다르니까요.

3. 하루에 5분이라도 '함께 집안일하는 시간'을 정하여 각자 맡은 일을 하는 시간을 가져보세요. 나만 하는 것 같은 억울한 마음이 덜해지

고, 함께 깨끗한 집을 만들었다는 뿌듯함이 생깁니다. 신나는 음악을 틀어놓고 하면 더 좋겠죠? 집안일하는 시간 동안 들을 음악 리스트를 함께 만들어도 즐거울 거예요.

4. 아주 사소한 것이라도 아이가 맡은 일을 잘해냈다면 칭찬해주세요.
   "너는 혼자서 살아가든, 누구와 함께 살아가든 잘할 수 있는 멋진 사람으로 자랄 거야."
   아이가 집안일을 하면 500원, 1,000원씩 용돈을 주는 가정도 있는데요. 그것도 좋은 방법입니다. 노동의 가치를 알게 하는 좋은 교육이니까요.

5. 성별 고정관념에 따른 관습적 행위가 아니라 잘하고 좋아하는 일을 맡아 하는 모습을 보여주세요. 이는 살아 있는 교육이 됩니다. 운전과 요리를 잘하는 엄마, 설거지와 정리 정돈을 잘하는 아빠. 모두 멋진 모습입니다.

정상 가족과
저출생

5월은 가정의 달입니다. 어린이날, 어버이날, 스승의날까지 학교는 행사로 가득 차 있는 달이기도 합니다. 학교에서 교사는 각종 행사 날에 학생들에게 감사의 마음을 전하는 방법을 알려주느라 바쁩니다. 매년 뻔한 멘트지만 아이들은 예쁜 문장을 편지지에 꾹꾹 눌러 적습니다.

아이들이 유치원과 학교에서 카네이션과 함께 편지를 적어 왔습니다.

'엄마 아빠 사랑해요.'

'낳아주셔서 감사합니다.'

'키워주신 은혜 감사드립니다.'

너무나도 사랑스러운 모습에 이제껏 알지 못했던 감격

이 밀려오면서도, 마음 한구석에 걱정이 들어섭니다.

'엄마 아빠가 안 계신 친구들도 있을 텐데.'

'낳아주기만 한 걸로 감사를 받아도 되나?'

문득, 뉴스에서 본 통계가 눈에 아른거립니다.

'해외 입양 아기 수출 세계 3위는 한국.'

저출생이 심각하다고 국가에서는 예산을 쏟아붓고 있다는데 이상합니다. 한쪽에서는 낳으라고 애를 쓰는데 한쪽에서는 아기를 계속 밖으로 보내고 있다니요. 아기를 낳아서 기르고 있는 입장에서 참으로 안타깝고 슬픕니다. 왜 아기를 낳지 않는지 그 이유를 너무도 잘 알겠다는 것과 동시에, 아기를 입양 보내는 생모의 심정이 어떨지 차마 헤아리기 힘들기 때문입니다.

모순되는 이런 현상은 어째서 일어나는 것일까요? 해답은 '가족'에 있습니다. 우리나라는 전통적으로 여성과 남성이 법적으로 결혼한 사이에서 태어난 아이만 '한 가족의 아이'로 취급합니다. 결혼하지 않은 사이에서 태어난 아이, 실수로 태어난 아이, 미성년자가 낳은 아이는 '정상 가족'이라고 불리는 테두리에 들어오기 힘듭니다. 그 아기를 키우는 양육자도 마찬가지이지요.

�� 다양성을 인정하는 것이 첫걸음

'모든 아기는 소중하기 때문에 국가에서 무조건 모두 책임져야 한다'라고 주장하는 것은 아닙니다. 생명 존중이라는 고귀한 가치를 실천하기 전에 올바른 피임 교육이 있어야하고, 안전한 임신 중단이 보장되어야 합니다. 이러한 실천이후에 태어난 아기에 대해서는 국가의 테두리 안에서 안전하게 클 수 있는 기본적인 보장을 해주어야 합니다.

국가에서 저출생 대책이라고 내놓은 방법, 가령 '일하는 워킹맘이 안심할 수 있도록 밤 8시까지 아이를 돌보는' 방법은 안타깝게도 틀렸습니다. 엄마가 될 신체적 조건을 가지고 있는 사람들이 출산을 망설이는 것은 단순히 아이를 맡길 곳이 없어서가 아닙니다. 비싼 물가나 부담스러운 교육비 등 경제적인 문제를 모두 차치하고서라도 너무나 많은 돌봄 노동의 부담이 여성에게 지워져 있기 때문이지요.

국가는 저출생이 걱정이라면 응당 보조해야 하는 일들을 각 가족 단위에 공짜로 요구하고 있습니다. '워킹맘'이라는 단어에서 나타나는 고정관념도 여성에게는 부담입니다. 양육의 책임은 '맘'에게 있기 때문에 그중 일하는 사람을 생각해주는 척하는 말이니까요. 아이를 낳으며 경력이 중단된 사람에게는 별명도 없습니다. '집에서 애나 잘 보지' 하는 시선만 남아 있을 뿐입니다. 육아가 힘든 것은 만국 공통이니 엄마가 된 보람은 개인적으로 알아서 찾으라는 설득으로는 어림도 없습니다. 차라리 엄마 된 기쁨을 미지의 세계로 남겨두는 것이 확률적으로 안전하니 비출산을 택하는 것은 너무도 자연스럽습니다. 아이를 낳아도 내 성씨를 물려주는 것조차 까다로운 나라이니까요.

저출생을 해결하려면 방법은 간단합니다. 엄마와 가족에게 부담되는 돌봄 노동의 상당 부분을 국가가 덜어가야 합니다. 어떤 가족에게서 태어나든 모든 아기를 똑같이 존중해주어야 합니다. 가족 다양성을 인정하며 이혼, 재혼, 독립 양육자, 동성 결혼, 입양, 이민자 등 모든 종류의 가족을 편견 없이 존중해야 합니다. 여성이 결혼과 출산을 선택할 때 경력에 문제가 생기지 않도록 법적인 보호가 있어야 합니다.

'가족'이라는 단어만 들어도 벅차고 행복한 사람도 있겠지만 그렇지 않은 모습도 많습니다. 어떤 사람에게는 나를 가장 행복하게 하는 것이 가족이겠지만, 나를 가장 힘들게 하는 것을 가족으로 떠올리는 사람도 있습니다. 가장 가깝고 서로를 잘 알기 때문에 상처주기도 쉬우니까요. 이제는 가족에 대한 환상을 깨야 합니다. 이상적인 법적 테두리 안에서 행복해야만 하는 단위가 아니라, 남다르고 보편적이지 않더라도 있는 그대로 인정받아야 하는 것이 가족입니다.

다양한 가족의 모습이 그려진 책

✿ 『누가 진짜 엄마야?』 버나뎃 그린 글 | 애나 조벨 그림

: 엄마가 둘인 주인공이 친구로부터 누가 진짜 엄마냐는 질문을 받게
되는 이야기예요. 주인공은 뭐라고 대답했을까요?

✿ 『따로 따로 행복하게』 배빗 콜

: 별거와 이혼에 대해 유쾌하게 설명해줘요. 이혼은 부정적인 것도, 부
끄러운 것도 아니라는 인식을 심어줍니다.

✿ 『나는 엄마가 둘이래요!』 정설희

: 입양된 어린이의 시선을 담백하게 풀어냈어요. 낳아준 엄마를 상상하
는 모습이 귀엽습니다.

✿ 『커다란 포옹』 제롬 뤼예

: 결혼, 이혼, 재혼 등 가족의 분리와 결합을 아름다운 색으로 표현한 작
품입니다.

✿ 『알사탕』 백희나

: 아빠와 둘이 사는 어린이가 서로를 보듬는 모습이 사랑스러운 이야기
예요.

가족의 개념을 올바로 심어주기 위해 이렇게 말해주세요

1. 우리나라는 현재 여자와 남자 커플만 혼인신고를 인정하지만 그렇지 않은 나라도 있다고 설명해주세요. 방송인 사유리 씨의 사례처럼 '엄마, 아빠, 아기'의 가족 형태가 아닌 다양한 모습을 관찰할 수 있는 미디어의 모습을 보여주는 것도 도움이 돼요.

   "지금 우리나라는 여자와 남자가 서류에 도장을 찍고 확인을 받아야만 부부가 되고 가족이 돼. 그런데 지구에는 다양한 가족이 있어. 동성 간에도 원한다면 결혼을 허용하는 나라도 있고, 결혼을 하지 않아도 아이를 기를 수 있다고 말해주는 나라도 있어. 참 다양하지?"

2. 그 누구든 아이를 키우는 사람은 대단한 사람이라고 말해주세요.

   "아이를 키운다는 것은 어른이 모든 시간을 아이에게 선물한다는 거야. 한동안은 자유가 사라진다는 것을 의미해. 사랑스러운 아이를 보며 행복할 때도 많지만 힘들 때도 많은 거야. 그래서 엄마 아빠뿐 아니라 아이를 기르는 모든 어른은 멋지고 대단한 거야."

3. 우리나라에 저출생이 심각한 것은 가족 단위에 주어진 돌봄의 부담

이 너무 크기 때문이라고 알려주세요. 그중에서도 엄마의 몫이 무겁다는 것을요.

"대한민국은 어른이 되어도 아이를 낳지 않기를 원하는 사람이 많아지고 있어. 예전에는 아빠가 일을 하고 엄마가 집에서 아이를 돌보는 일이 보통이라고 여겨졌는데, 지금은 그렇지 않거든. 요즘은 엄마도 아빠도 모두 일을 하기를 원하는데 그렇게 되면 아이를 돌볼 시간이 많이 부족해. 그럴 때는 둘 중 한 사람이 일을 그만둬야 하는 상황이 생기거든. 그러다 보니 아이를 낳지 않는 삶을 선택하는 거야. 하지만 어른들은 엄마 아빠 모두가 편하게 아이를 보살필 수 있는 환경을 원하고 있어."

4. 엄마 아빠와 함께 사는 가족일수록 다양한 가족에 대한 경험을 많이 시켜주세요. 자신의 경험이 전부라고 착각하지 않도록 말이에요.

대중매체가
어린이 세계에 미치는 영향

초등학교는 학예회가 있습니다. 학예회는 1~2년에 한 번 열리는 큰 행사로 학생들의 예술적 기량을 마음껏 뽐낼 수 있는 무대가 열리는 날입니다. 그해 참관했던 학예회는 조금 특별했습니다. 학년별로 하루씩, 그러니까 꽤 많은 시간이 주어졌던 걸로 기억해요.

학년 선생님들은 학생들에게 말씀하셨습니다.

"마음껏, 너희가 하고 싶은 것 뭐든 무대 위에서 다 해도 돼. 주제는 자유. 그리고 하기 싫은 사람은 안 해도 돼."

자유를 허락받은 고학년 학생들은 신이 났습니다. 예술과 관계되어 있다면 하고 싶은 것을 무엇이든지 해도 된다고 선생님께서 말씀하셨으니까요. 그래서 그날의 학예회는 교사들의 짜임새 있는 체계 아래에서 기획된 무대가 아닌, 그야말로 '아무 무대 대잔치'가 열렸습니다. 무대에서는 과연 어떤 일이 벌어졌을까요?

어른들이 상상하는 학예회의 모습인 합창, 기악, 단체 군무, 노래에 맞춘 수어, 카드 섹션 등의 무대는 없었습니다. 학생들은 자기와 친한 친구들과 삼삼오오 모여 '하고 싶은 것'을 했으니까요. 그런데 재미있는 현상이 발견되었어요. 무대에 올라오겠다고 자발적으로 신청한 학생들 중 상당수가 여학생이었는데, 여학생 모두가 여자 아이돌 춤을 학예회 주제로 선택한 것이에요. 결국 학예회는 K-Pop 그룹 댄스 배틀이 되어버렸습니다. 학생들이 인기 있는 음악을 선택하다 보니 선곡이 겹치는 일도 있었어요.

무대에 올라온 남학생들도 아이돌 댄스를 선택했을까요? 그렇지 않았습니다. 남학생들은 차력, 태권도, 줄넘기, 연극 등 자기가 평소에 잘하는 것, 혹은 자신이 기획한 것을 보여주었습니다.

가장 놀라웠던 것은 여학생들의 차림새였습니다. 여성 아이돌 댄스 커버를 하다 보니 그들의 의상을 그대로 따라할 수밖에 없었는데요. 학생들이 입고 나타난 것은 윗배가 훤히 드러난 크롭티에 속바지가 보이는 짧은 치마, 니삭스와 빨갛게 바른 립스틱이었습니다. 담임교사들은 당황할 수밖에 없었습니다. 자유롭게 준비하라고 했지 아이들이 헐벗고 나타날 것이라고는 생각하지 못했기 때문이에요. 무대에 올라가기 전에 급하기 의상을 '검열'하는 웃지 못할 해프닝까지 벌어졌지요.

비슷한 노래와 비슷한 차림새에 비슷한 춤. '이번 순서는 5학년 1반 박○○ 외 여섯 명'이라는 어린이 사회자의 멘트가 없었다면 누가 누구인지 알아보기도 힘들었을 겁니다. 그렇게 비슷해서 지루한 무대들은 끝이 났고 학예회는 어찌어찌 마무리가 되었습니다.

참 이상하죠. 또래 문화가 비슷하게 발달하는 것이라면 모두가 아이돌 댄스를 추거나 혹은 모두가 기획된 무대를 하는 것이 자연스러웠을 텐데요. 여학생은 아이돌 댄스 커버, 남학생은 능력을 보여주는 형식으로 나뉘었다는 것이 재밌습니다.

'역시 여자애들은 예쁜 걸 좋아한다니까.'

'역시 남자애들은 과시하는 걸 좋아해.'

자율성이 주어졌기 때문에 성별로 인한 본능적 차이가

나타난 현상이라고 판단할 수 있을까요?

학생들이 학예회를 통해 얻고자 하는 것은 무엇이었을까요? 단순히 자기만족만은 아니었을 것입니다. 혼자도 즐겁다면 집에서 해도 되지요. 그렇다고 대단한 장기를 뽐내기 위함도 아니었어요. 장르를 불문하고 예술에 특별한 두각을 나타내는 아이들은 소수에 불과하니까요. 결국 학예회의 무대에서 발견할 수 있는 것은 우리 사회가 주입하고 있는 편견의 단면이었다고 생각해요.

'여성은 자신의 성적 매력을 뽐내면서 타인의 인정을 받는다.'

'남성은 자신의 능력이 어떠하든 일단 보여주고 도전함으로써 스스로 만족한다.'

그동안 우리에게 익숙한 성별 고정관념입니다. 물론 아이들이 그러한 의도를 가지고 무대를 준비했다고 생각하지는 않습니다. 다만, 아이들이 보고 배운 것이 그것뿐이어서 달리 선택지가 없었던 것 같아 안타까운 마음입니다.

대중매체의 영향은 어른보다 어린이들에게 훨씬 크게 미칩니다. 어린이 또래 문화에서 불균형적인 모방이 나타나지 않게 하려면 어른들이 좋은 것을 보여주어야 합니다.

미디어를 비판적으로 보고 어린이, 청소년이 악영향을 받을 수 있는 것은 적극 경계해야 합니다.

미디어를 비판적으로 바라보게 하는 질문과 대화

초등 고학년의 경우 책이나 미디어를 비판적으로 분석하는 것이 가능합니다. 실제로 학교에서도 다양한 방법으로 학생들의 비판적 사고방식을 키워주기 위해 노력하고 있어요. 따라서 고학년에게는 옆에서 마중물처럼 함께 질문을 던져주는 것이 좋습니다. 하지만 유아나 저학년의 경우 비판적 사고가 어려우므로 양육자가 직접적으로 알려주는 것이 도움이 됩니다.

1. 성별에 관계없이 누구에게나 좋은 가치를 보여주는가?

   "저런 옷차림이나 행동은 여자, 남자를 떠나 모든 사람에게 자연스럽고 건강한 면모일까?"

2. 성별에 따라 요구되는 행위나 차림새가 다른가?

   "만약 저런 차림새를 남자, 여자 바꾸어서 했다면 어떨 것 같아? 뭔가 어색한 것이 있니?"

3. 어린이나 청소년이 모방할 때 건강을 해칠 위험은 없는가?

"저 사람을 닮기 위해 따라 한다면 잘 먹고, 잘 쉬고, 일상을 잘 꾸려 나가는 데 문제되는 게 없을까?"

4. 불필요한 고정관념을 만들지는 않는가?

"모든 여자가 화장을 하고 치마 입는 걸 좋아하지는 않는데, 그리고 모든 남자가 축구를 좋아하고 남자답기를 원하는 것이 아닌데, 엄마(아빠)는 티비에서 보여주는 저런 모습이 불편해."

5. 타자화, 대상화되는 존재는 없는가?

"저 사람은 본인이 원하는 대로, 인간 자체로 존중받고 있는 것 같아? 네 생각은 어때?"

월경 파티,
몽정 파티 안 하셔도 됩니다

커다란 달력 중 하나의 숫자에 그려진 빨간 동그라미, 그리고 옆에 쓰여 있는 글씨.

'손님 오는 날.'

막 한글을 읽기 시작한 어린이였던 제가 집에 걸려 있던 달력을 보고 늘 가졌던 의문이 있었습니다.

'엄마가 손님 오는 날이라고 써놨는데 왜 집에 손님이 아무도 안 오시지?'

조금 더 자라보니 그것은 진짜 손님이 아니었습니다. 엄마가 월경 주기를 기억하기 위해 표시한 일종의 암호였던 것이지요. 손님이 사람이 아니라는 것을 늦게 알 수밖에 없었던 것은 엄마 주변에서 어떠한 월경의 흔적도 발견할 수 없었기 때문이에요.

스마트폰에서 월경 주기 표시 어플을 사용하는 엄마가 된 저는, 저의 엄마가 하신 것처럼 달력에 빨간 동그라미를 치지 않습니다. 또 월경에 대해 아이들에게 숨기지도 않아요. 감기에 걸려서 콧물이 흐른다고 절대 보여주지 않고 철저히 가리는 것이 부자연스러운 것처럼, 월경도 마찬가지라고 생각하기 때문입니다.

엄마의 월경이 무엇인지 전혀 몰랐던 저는 초경이 시작되었을 때 큰 병에 걸린 줄 알고 무서워서 끙끙 앓았던 기억이 납니다. '생리'라는 것은 빨간 피가 흐르는 것인 줄 알았지 찔끔찔끔 갈색의 분비물부터 시작된다는 것을 몰랐기 때문이에요. 또래보다 약간 빨랐던 초경 시기를 겪은 첫째 딸이었던 그때를 생각하면 두려움과 긴장이라는 감정이 떠오릅니다.

저에게 딸이 있었다면 월경에 대해 좀 더 살아 있는 이야기를 많이 들려주고, 그것이 주는 고통과 불편함에 대해 신나게 떠들 수 있었겠지만 그렇지 못해도 괜찮습니다. 오히려 잘된 것이죠. 남성은 절대 경험할 수 없는 것을 아들들에게 자세히 알려주면 되니까요. 저희 집 아이들은 엄마가 월경이 시작되면 피곤해한다는 것, 함께 욕조에서 목욕할 수 없다는 것, 허리가 아프고 예민해진다는 것을 잘 알고 있습니다. 화장실 한편에 담가놓은 면 생리대의 존재도 알고 있어요. 이런 것들이 부끄럽고 민망하다고 생각하지 않습니다. 그야말로 자연스러운 '생리 현상'이기 때문에 억지로 숨길 필요가 없다고 여기기 때문이에요. 또한 엄마의 월경을 간접적으로 경험함으로써, 앞으로 아이들이 살아가며 마주칠 여성들을 더 잘 이해할 수 있을 거라는 기대도 있기 때문입니다.

초등 고학년을 가르치며 아이들의 일기장을 들여다보았을 때 초경이 시작되어서 선물을 받았다는 글을 본 적이 있습니다. 월경에 대해 철저히 감추기만 하던 저의 어린 시절에 비하면 문화가 많이 발전했다는 생각과 화목한 가정에서 자라는 학생이 참 부럽다는 생각을 했었어요. SNS를 보아도 딸의 초경을 축하하며 월경에 관한 책, 꽃, 케이크 등을 선물했다는 '인증샷'을 많이 볼 수 있습니다. 어떤 이들은 딸에게 초경을 축하한다면, 공평하게 아들에게도 몽정을 축하해야 하는 것이 아니냐는 이야기도 들립니다.

초경 파티, 몽정 파티가 꼭 필요한 것이냐를 묻는다면

저는 "아니오"라고 답합니다. 아이의 성장을 축하해주는 마음은 정말 좋지만, 유독 성에 관련된 성장에만 관심이 쏠린 것처럼 보이는 현상이 그리 바람직해 보이지는 않기 때문이에요.

👫 성에 관한 소통은 자연스러운 것이 좋아요

아이들은 기특하게도 매일 매일 조금씩 자랍니다. 젖을 떼고, 배냇머리가 빠지고, 이가 나고, 손발톱이 단단해지고, 유치가 빠지고, 여드름이 나고, 음모가 나고, 땀 냄새도 지독해지고. 하지만 우리는 이 모든 변화의 과정에서 매번 축하 파티를 하지는 않습니다. 자라는 것은 그저 자연스러운 일이기 때문입니다. 초경이나 몽정도 마찬가지입니다. 그것은 성장 과정 중 하나일 뿐입니다.

초경 파티, 몽정 파티를 절대 하지 말라는 뜻은 아닙니다. 양육자가 아이의 성장에 대해 늘 관심을 기울이고 함께 이야기 나눈 신뢰의 과정이 있었다면 2차 성징에 대해서 특별한 이벤트를 마련해줄 수도 있습니다. 그런 상황이라면 아이도 기뻐하겠지요.

    최악의 경우는 이런 것입니다. 평소 아이와 대화도 없고 아이가 몇 학년 몇 반인지도 헷갈리는 양육자가 초경이나 몽정의 징후가 보인 것을 발견하고는 아이가 원하지도 않았던 파티를 여는 모습입니다. 그러면서 권위적으로 "너 이제 사춘기니까 몸 조심해라", "넌 이제부터 진짜 여자(남자)야", "오늘 성교육할 거니까 모르는 거 지금 당장 물어봐"라고 덧붙인다면 안 하느니만 못한 이벤트가 되어버립니다.

   양육자와의 자연스러운 대화가 불가능한 아이는 원치 않는 파티 때문에 성에 대해 더 부담스러워하고 불편함을 느낄 수도 있습니다. 덧붙여서 남자아이를 키우는 양육자라면 몽정 파티를 기다리다가 영영 아무 일도 일어나지 않을 수도 있습니다. 모든 남성이 몽정을 하는 것은 아니기 때문이에요.

   아이들에게 필요한 것은 지속적인 관심과 사랑이지 어른의 욕심 때문에 어쩌다 열리는 이벤트가 아닙니다. 그런 의미에서 아이의 신체적 발달과 정신적 성장에 늘 애정을 갖고 지켜봐주세요. 요즘 잘 지내는지, 불편하거나 궁금한 것은 없는지, 어른이 도울 것은 없는지 꾸준히 묻고 눈을 가만히 바라봐주는 것이 한 번의 파티보다 더욱 값질 거예요.

2차 성징을 맞이할 아이들에게 추천하는 책

사춘기에 관한 책은 이미 몸의 변화가 시작되었을 때 선물하는 것보다 미리 알려주는 것이 좋아요. 그래야 자신의 변화에 대해 알아차리고 당황하지 않고 받아들일 수 있습니다.

✿ **소녀·소년들을 위한 내 몸 + 내 마음 안내서 4종 세트** 소냐 르네 테일러 외 6

: 사춘기를 맞이할 어린이, 이미 맞이한 청소년들의 책장에 꽂아놓으면 유용한 시리즈물이에요.

✿ **『생리를 시작한 너에게』** 멜리사 캉, 유미 스타인스 글 | 제니 래섬 그림

: 월경에 대한 모든 것을 알려주는 친절한 책이에요. 여자만 봐야 하냐고요? 누구나 봐도 됩니다!

✿ **『사춘기 내 몸 사용 설명서』** 안트예 헬름스

: 아이들이 사춘기에 대해 궁금해하는 질문들을 아름다운 사진과 함께 설명해놓았어요. 왜곡된 성 지식을 습득하기 전에 올바른 지식을 선물해주세요.

성별 고정관념 더 깊이 들여다보기[*]

평소 어린이집, 유치원에서 흔히 나타나는 유아에 대한 교육 · 보육 방법에 대한 서술입니다. 우리 아이들이 이러한 환경에서 생활하고 있다면 어떨까요? 비판적으로 읽어보세요.

1. 쌓기 놀이, 스포츠 등은 남아가, 소꿉놀이, 인형놀이, 역할놀이 등은 여아가 참여할 수 있도록 비치하고 활동을 구성한다.

2. 동화를 읽어줄 때 덩치가 크고 과격한 동물은 남자 목소리로, 귀엽고 약한 동물은 여자 목소리로 바꾸어 들려준다.

3. 질문, 발표 기회를 줄 때 어느 한 성별에 치중하는 편이다.

4. 남아와 여아의 성별화된 특성을 표현한다.(예: 남아에게 '멋지다', '씩씩하다', '용감하다' / 여아에게 '예쁘다', '얌전하다', '겁쟁이')

5. 아빠를 표현할 때는 회사, 신문, 도구, 자동차 등을 연관시키고 엄마를 표현할 때는 부엌, 앞치마, 육아, 청소 등을 연관시킨다.

6. 남아는 여아를 보호하고 여아에게 양보하도록 지도한다.

7. 일상생활 역할에서 성별에 따라 다르게 지도한다.(예: 남아는 물건을 옮기는 일, 여아는 가위질이나 화분에 물주기 등)

8. 여자색, 남자색을 구분하여 사용한다.

9. 모둠의 조장, 재롱잔치의 전체 인사 등 각종 활동의 대표 역할은 주로 남아에게 맡긴다.

10. 동물, 사물을 활용하여 물건을 만들 때 남아는 사자, 자동차, 로봇 등으로, 여아는 꽃, 나비, 인형 등으로 연관시킨다.

11. 똑같은 행동에 대해 칭찬하거나 야단칠 때 성별에 따라 다른 기준을 적용한다.(예: "역시 남자라 다르네", "공주님, 참 잘했어요!", "남자가 왜 이렇게 힘이 없니?", "여자가 왜 이렇게 까부니?")

* 경북여성정책개발원, 『경상북도 유치원·(예비)보육교사 양성평등교육 프로그램 개발 연구』, 2021.

디지털 시대의 성인지 감수성 교육

찰칵! 오늘도 아이 동의 없이
사진 찍으셨나요?

스마트폰을 들어 각종 SNS에 접속하고, 프로필 사진이나 피드를 보면 쉽게 발견할 수 있는 이미지가 있습니다. 바로 귀여운 어린아이들의 모습입니다. 양육자들이 아이들의 사랑스러운 순간을 간직하기 위해 사진이나 동영상을 찍고 그것을 업로드해놓는 것이 일반적인데요. 때가 지나면 절대 다시 돌아오지 않을 지금의 예쁜 모습을 머릿속뿐 아니라 디지털 콘텐츠로 저장하고 싶은 마음은 지극히 자연스럽습니다.

그런데 이런 상황은 어떨까요? 어른이 된 우리의 밥 먹는 모습을 부모님이 몰래 찍어서 카카오톡 프로필에 '우리 딸(아들) 복스럽게 잘~ 먹는다 ^^'라는 문구와 함께 올려놓으신다면요. 부모님 눈에는 아직 귀여울지 몰라도 내가 보기에는 그다지 마음에 들지 않는 입을 쩍 벌린 나의 모습이, 전화번호만 저장하면 볼 수 있는 공간에 떠돌아다닌다면 말입니다. "왜 말도 없이 마음대로 제 사진을 올리세요?", "사진 당장 내려요" 하는 반응이 튀어나올 것입니다.

영유아의 사진을 업로드하는 것은 다를까요? 아직 아이들은 어른들의 온라인 공간을 볼 수 없기 때문에, 찰칵 소리가 났던 그 장면이 어떻게 쓰이고 있는지 모릅니다. 보지 못하고 알지 못하니 괜찮은 걸까요?

🏃 아이도 인격체라는 걸 잊지 마세요

영유아의 사진을 온라인 공간에 업로드하기 전에 꼭 고려해야 할 사항들이 있습니다.

첫째, 아이의 사진이 유출되어 생각지 못한 곳에 이용될 수도 있습니다. 아무리 개인 정보가 쉽게 유출되는 세상이라 할지라도 텍스트에 담긴 정보와 얼굴이 담긴 이미지는 그 무게가 다릅니다. 내가 모르는 사람이 내 아이의 얼굴과 정보를 조합해서 어디에 사는 누구인지 알 수 있다면? 생

각만 해도 끔찍하지 않으신가요? 실제로 무작위로 수집한 어린이들의 사진과 딥페이크 기술을 이용해 성범죄에 악용한 사례가 정말 많습니다.

둘째, 시간이 지난 후 내가 이미지를 삭제한다고 해도 이미 복제되었을 가능성이 농후합니다. 조금 과장되게 표현하면, 온라인상에 이미지를 업로드하는 순간 그것은 우리 손을 떠났다고 보시면 됩니다. 스마트폰의 기술은 날이 갈수록 발전하여 캡처, 저장 등이 너무나 손쉬워졌지요. 좋은 의도이든 나쁜 의도이든 우리의 저작물이 누군가의 손에 쉽게 들어갈 수 있습니다. 초등학교 고학년 학생들끼리 SNS에 사진을 올렸다가 사진의 주인공인 어린이가 삭제를 요청한 일이 있었습니다. 원본을 업로드한 학생은 부탁을 듣고 삭제해주었지만, 이미 영상과 이미지가 왜곡 편집되어 퍼져서 더 이상 손쓰기 어려운 상황에 이른 뒤였습니다.

셋째, 아이가 자라서 성인이 되었을 때도 수긍할 수 있는 범위인지 판단해주세요. 춤을 추는, 간식을 먹는, 수영을 하는, 신나게 뛰고 있는 모든 순간이 예쁘지만 아이가 성인이 되었을 때도 같은 모습을 온라인에 올리실 건가요? "이 사진 꼭 엄마 프로필에 올려줘"라고 아이가 직접 부탁

하지 않는 이상 자녀의 사진은 마음대로 사용하지 않는 것이 좋겠습니다.

우리는 자신의 사진을 온라인에 업로드했다가도 후회되는 순간이 가끔 찾아옵니다.

'그때는 괜찮아 보였는데 지금 보니 별로네. 삭제해야겠다.'

하물며 완벽한 동의를 받지 못한 내 아이의 사진은 어떤가요? 아직 품 안의 자식이라 할지라도 아이의 사진까지 마음대로 할 권리는 부모에게 없습니다.

사진을 찍을 때도 마찬가지입니다. 아무 때나 카메라를 들이밀고 찰칵찰칵 찍어댄다면, 그런 환경에서 자란 아이는 어떻게 될까요? 동의 없이 카메라에 담겨왔던 어린이가 스마트폰을 가지게 되면, 똑같이 동의 없이 타인의 사진을 찍을 수도 있습니다.

초상권이 걱정되니 스마트폰을 절대 사주지 말자고 말씀드리지는 않겠습니다. 그것은 구더기가 무서워 장을 못 담그는 격이니까요. 그러니 기술의 발달과 걸맞은 디지털 매너를 가르쳐야 합니다. 자신이 찍힐 때도 남을 찍을 때도 동의를 중요하게 여기고, 온라인에 업로드할 때는 신중하게 생각하고 행동하는 사람으로 자랄 수 있게 가르쳐주세요. 우리 아이들이 올바른 디지털 매체 사용으로 건강한 온라인 세계를 구축할 수 있도록 말이에요.

부모가 먼저 실천하는 디지털 매너

1. 어린이의 사진이나 동영상을 찍기 전에 반드시 동의를 구해주세요.

   "지금 네 모습이 예뻐서 그러는데 찍어도 될까? 엄마 휴대폰에만 저장해놓을게."

   만약 거절한다면 그 뜻을 존중하고 받아들여주세요.

2. 불특정 다수가 볼 수 있는 온라인 공간에는 어린이의 모습을 업로드하지 말아주세요. 꼭 올려야 한다면 얼굴은 가려주는 센스가 필요합니다.

3. 어린이집, 유치원, 학교에서 초상권 동의서를 작성하는 모습을 아이에게 보여주세요.

   "이건 초상권 동의에 대한 문서야. 보호자인 어른이 어린이가 교육기관에서 활동하는 모습을 찍어도 된다고 허락하는 거야. 대신 교육용 기록으로만 남기기로 약속했으니까, 네 얼굴을 다른 사람들이 볼 수 있는 곳에 올리지 않도록 하실 거야. 어른이 되면 그때부터는 네 얼굴에 대한 권리는 스스로 지켜야 해."

4. 아이가 자라서 스마트폰을 가지게 된다면 꼭 알려주세요.

"카메라로 나와 다른 사람의 모습을 찍는 것은 신중해야 한단다. 원치 않아도 모르는 사람이 보게 될 수도 있고, 삭제하고 싶어도 불가능할 수도 있어. 어른 없이 아이들끼리는 웬만하면 찍지 않는 것이 제일 좋아."

5. 어른이 스마트폰을 사용할 때 모범을 보여주세요.

– 풍경을 촬영할 때 다른 사람을 찍지 않도록 노력해요.

– 본의 아니게 타인의 모습을 찍었다면 삭제하거나 모자이크 처리하는 등의 후속 대처 방법을 알려주세요.

– 초상권이 무엇인지 간단하게 설명해주세요.

"우리는 사진 속의 주인공일 때도 있지만, 때로는 다른 사람 사진의 배경이 되기도 해. 하지만 우리의 모습은 하나같이 모두 소중하고 존중받아야 해. 내 얼굴은 내 것, 다른 사람이 마음대로 찍거나 저장해서는 안 되는 것. 그게 바로 초상권이야."

유튜브, 피할 수 없다면
건강하게 보는 방법 알려드릴게요

요즘 자라나는 영유아들은 손에 딸랑이 대신 스마트폰을 들고 논다고 할 정도로, 태어날 때부터 디지털 환경에 노출되어 있습니다. 그중에서도 단연 압도적인 것은 동영상 스트리밍 서비스이지요. 알록달록한 색채와 신나는 음악, 재미있는 이야기들은 아이들을 스마트폰 앞으로 끌어들이기에 충분히 매력적입니다. 작은 네모 안에서 나오는 즐거운 세상과 함께라면 아이도 어른도 잠시 휴식을 맞게 되죠.

스트리밍 서비스를 통해 나오는 콘텐츠는 티비와는 많이 다릅니다. 터치를 통해 멈추거나 넘길 수 있다는 것, 원한다면 24시간 계속 볼 수 있다는 것, 장소에 구애받지 않고 볼 수 있다는 것, 심의가 없다는 것입니다. 다채로운 편리함 덕분에 어린이와 동영상은 점점 더 가까워지고 있습니다.

"동영상 보여줄 때, 아이가 이상한 것을 볼까 봐 걱정이 돼요. 아예 안 보여줄 수는 없고, 현명하게 동영상을 시청시키는 방법이 있을까요?"

이런 걱정들이 당연한 것이, 아이들이 좋아하는 캐릭터가 등장해서 의심 없이 보여줬는데 성적인 자극을 유발하는 내용이 담겨 있었다는 충격적인 사건도 있습니다. 스마트폰 동영상을 마음 놓고 보여주기에는 유해한 것이 너무 많다는 것을 제대로 각인시킨 일이었지요.

그렇다고 온 세상에 있는 모든 영상을 일일이 검열할 수는 없습니다. 스마트폰을 보여달라는 아이의 간절한 눈빛을 마냥 무시할 수도 없고요. 어떻게 해야 현실적으로 안전하게 동영상을 보여줄 수 있을까요?

🧒 일관된 조건이 필요합니다

가장 좋은 방법은 양육자가 함께 보는 것입니다. 육아하면서 잠시 쉬고 싶은데 어떻게 같이 보느냐고요? 모든 내용을 아이와 함께 이해하면서 보시라는 말은 아닙니다. 다만, 아이 혼자 스마트폰 세상에 있게만 하지 말아주세요. 방에 들어가 혼자 보거나, 옆에 있어도 어떤 것을 보는지 알 수 없다면 그건 위험합니다. 스트리밍 서비스를 티비나 모니터에 연결해서 보게 하고 양육자는 옆에서 다른 할 일을 하는 것도 좋은 방법입니다. 여의치 않다면 소리라도 같이 들을 수 있도록 해보세요. 영상은 별로 자극적이지 않은데 채널 생산자의 언어 사용 습관이 올바르지 않은 경우도 정말 많습니다.

아이가 보기에 선정적이거나, 폭력적이거나, 편견을 심어주는 내용이 있는 채널이라면 주저하지 말고 바로 차단을 해주세요. 그리고 아이에게 설명해주세요.

"이 영상은 어린이가 보기에 적절하지 않으니 다른 재밌는 것을 보도록 하자."

아이가 스마트폰으로 영상 보는 것을 좋아한다면 주의해야 할 점이 또 하나 있습니다. 보상으로 영상을 제공하는 것이에요.

"숙제 다 하면 봐."

"책 한 권 읽으면 보게 해줄게."

이러한 조건을 제시하는 방법은 아이들 생활 습관에 좋지 않은 영향을 끼칩니다. 영상 보는 것은 즐겁고 신나는 일, 그 앞에 해야 할 일은 하기 싫고 귀찮은 일로 각인될 수도 있기 때문이에요. 또 매일 해야 하는 일 뒤에 영상을 기다림으로써 중독적인 행위로 강화될 가능성도 있습니다. 그러니 해야 할 일은 조건 없이 제시간에 그냥 하고, 영상은 온전히 놀이 시간에 선택할 수 있는 하나의 영역으로 분리해주셔야 합니다. 아이와 매번 영상 때문에 실랑이하는 것이 힘들다면 "주말에 점심 먹고 한 시간 보는 거야" 하고 일정하게 시청 시간을 정해주는 것도 도움이 됩니다. 일단 약속을 했으면 꾸준히 일관된 기준을 적용하는 것도 중요합니다.

아이가 자기만의 디지털 기기를 온전히 갖게 된다면 영상을 걸러 보게 하는 것이 더욱 어려워집니다. 믿고 맡길 수밖에 없는 상황이 오는 것이죠. 그러니 좋아하는 콘텐츠를 양육자와 함께 공유하는 영유아기부터 올바른 시각을 가질 수 있도록 알려주셔야 합니다.

아이가 유튜버를 꿈꾼다면

최근 방송과 유튜브의 경계가 점점 흐려지고 있습니다. 더불어 크리에이터들의 수입, 유명세 등이 화제가 되면서 최근에는 초등학생 희망 직업 교육부 초·중등 진로 교육 현황 조사 결과 3위에 크리에이터(유튜버, BJ, 스트리머 등)가 올랐습니다. 희망 직업 1위는 운동선수, 2위는 교사였어요. 초등학생들이 희망 직업을 선택한 이유는 '내가 좋아하는 일이라서', '돈을 많이 벌 수 있을 것 같아서'였습니다. 동시에 미성년자 1인 방송 채널도 늘고 있지요. 어린이들이 크리에이터를 좋아하는 일로 꼽은 것은 여가 시간에 동영상 보는 것을 놀이로 여기는 문화가 익숙하기 때문이겠죠.

아이들이 다양한 진로를 탐색하고 자신의 적성에 비추어 직업을 희망하는 것은 긍정적인 일입니다. 하지만 미래에 크리에이터를 꿈꾼다고 해서 어린이가 유튜브 채널을 운영하는 것은 조금 우려스러워요. 아이의 희망 직업이 '텔레비전에 내가 나왔으면 정말 좋겠네' 같은 단순한 바람인지, 크리에이터에게 필요한 자질을 모두 파악하고 진지하게 결정한 꿈인지 알기 어려우니까요.

아이가 막연한 동경이나 환상으로 진로를 결정하기 전에 직업에 대한 구체적이고 객관적인 시선을 가질 수 있도록 도와주세요.

1. 직업적 장단점의 차원에서 설명해주세요.

   "우리는 좋아하는 유튜버를 응원하지만 어떤 사람들은 얼굴이 알려진 사람을 이유 없이 욕하고 미워하기도 해. 내가 그런 뜻으로 한 말이 아닌데도 오해하는 경우도 많아. 내가 모르는 사람한테 나쁜 말을 들으면 많이 속상하겠지? 그러니 크리에이터라는 직업의 단점에 대해서도 생각해볼 필요가 있어."

2. 아이가 무엇이 좋아서 크리에이터가 되고 싶어 하는지 파악하고 욕구를 인정해주세요.

   "말하고 노는 영상을 휴대폰에서 보고 싶어? 그러면 우리 집에서 찍은 다음에 우리 가족끼리만 보자."

3. 직업이라는 것은 기본적으로 성인이 된 다음에 선택해야 합리적으로 결정할 수 있음을 설명해주세요.

   "텔레비전이나 유튜브에 나온다는 것은 모르는 사람이 내 얼굴이나 이름을 알게 될 수 있다는 것을 의미해. 그 이후에 좋은 일이 생길지, 나쁜 일이 생길지는 알 수 없어. 그러니 동영상을 온라인에 업로드하고 싶다면 어른이 된 다음에 생각해보는 것이 좋아."

252

온라인에서 어린이를 칭찬하는 사람을
경계하라고 가르쳐주세요

"아이가 성기 사진을 낯선 사람에게 채팅을 보냈어요."

날이 갈수록 디지털 성폭력에 노출된 어린이, 청소년의 수가 늘어나고 있습니다. 개인이 소지하는 스마트폰의 개수가 늘어가는 것처럼 범죄의 수법도 다양하고 교묘해지고 있기 때문입니다. 디지털 성폭력 피해자들은 대부분 여성이지만 남성 피해자의 비율도 점점 높아지고 있습니다.

어쩌다가 그런 피해를 겪게 되었을까. 일이 이미 벌어지고 나서 되짚어 생각해보아도 해결되는 것은 없습니다. 가해자를 잡기가 어렵고 처벌도 시원치 않은 것이 당장으로서는 가장 심각해 보입니다.

디지털 성범죄 피해를 당한 미성년자 중 그 누구도 자신이 범죄를 당할 수도 있다고 예상하지 못했을 것입니다. 아이들의 양육자는 더욱 그렇습니다.

"그러니까 온라인에서도 낯선 사람 조심하라고 했잖아."

뒤늦게 주의를 줘도 시간을 되돌릴 수는 없습니다.

가장 중요한 것은 미성년자 성범죄자에 대한 엄벌입니다. 그러나 빠르게 진화하는 디지털 범죄를 따라가기에는 법률 개정과 집행의 속도는 답답하기만 합니다.

어릴 때 인신매매 뉴스가 연일 보도되었던 것이 기억납니다. 어린이들에게 과자를 사준다고 하거나, '너희 엄마랑 친해서 대신 데리러 왔다'며 어린이를 유괴하는 수법들이 있으니 조심하라는 내용이었습니다. 제 머릿속은 '어른에게는 무조건 예의 바르게 대해야지' 대신 '친절한 사람이라도 낯선 사람은 따라가면 안 되겠구나'로 채워졌습니다.

제가 학생들을 가르칠 때는 새로운 수법이 등장합니다.

"내가 차 바닥에 휴대폰을 떨어뜨렸는데 좀 도와줄래? 나는 잘 안 보여서……."

어린이를 유인하기 위해 도움을 청하는 행위죠.

교사로서 학생들을 지도할 때 말했습니다.

"어른들은 어린이의 도움을 필요로 할 일이 없어. 모르는 척해도 괜찮으니 낯선 사람이 부탁을 한다면 그냥 지나쳐도 돼."

학생들의 머릿속은 '도움이 필요한 사람이 있으면 나서서 도와줘야 해' 대신 '어른은 어린이의 도움이 필요 없다'로 바뀌었을 것입니다.

반복해서 경각심을 심어주세요

이제는 오프라인보다 온라인에서의 인간관계가 더 무서운 세상이 왔습니다. 잘못된 접근을 허용했다가 얼굴, 나이, 사는 곳, 집 주소, 학교, 가족 정보 등 엄청나게 많은 개인 정보가 유출될 가능성이 크기 때문입니다. 디지털 성폭력의 가해자들은 미성년자들의 순수한 마음을 이용해서 이러한 정보를 캐내고 궁극적으로는 협박에 사용하고는 합니다. 친절했던 상대방이 '네가 말한 것을 학교에(부모에게) 알리겠다'라고 나오면 미성년자들은 당황하고 끌려다니게 됩니다.

가해자들은 결코 처음부터 아이들을 협박하지 않습니

다. 초기에는 친밀함을 확보하기 위해 갖은 수를 씁니다. 성인임을 숨기고 '나도 4학년'이라며 동질감을 형성하는 행위, 손쉬운 알바거리를 준다며 간단한 사진을 찍어 보내면 입금을 하는 수법, 유명인인 척 신분을 속이는 행위 등 그 행태는 너무나 다양합니다. 이 다양한 범죄 유형에도 단 하나의 공통점은 있습니다. 바로 외로운 아이들을 향한 '달콤한 칭찬'입니다.

아이들은 휴대폰으로 얼마나 많은 것을 전송할 수 있는지 그 범위를 제대로 알지 못합니다. 누가 거짓말을 해도 사람이 앞에 없으니 그 진위를 판단하기 힘듭니다. 얼굴도 모르는 온라인상의 상대이지만 자기에게 좋은 말을 해주는 누군가가 친구가 되어준다면 굳이 거절할 이유가 없습니다. '좋은' 사람이니까요.

슬프지만 이제는 아이들에게 이렇게 알려주셔야 합니다.

"얼굴도 모르는 사람이 아무 목적 없이 너를 칭찬하고 좋은 말을 하고 친구가 되려고 하지는 않아. 다른 이에게 좋은 친구가 될 수 있는 사람은 온라인에서 친구를 만드는 대신 밖에 나가서 사람을 만난단다. 그러니 온라인에서 친근함을 표시하는 사람은 의심하고 차단하는 것이 좋겠어.

휴대폰을 통해 소통을 하고 싶다면 실제 세계에서 원래 친구인 사람들과 나누어도 충분하다고 생각해."

온라인에서 좋은 사람을 만날 희박한 확률은 잊으시는 것이 좋습니다. 어른이 아는 온라인 세상과 아이들이 살고 있는 세상은 확연히 다릅니다. 빠르게 변하는 범죄를 법이 해결해주길 기다리다가는 중요한 것을 놓치고 맙니다. 현재를 살아가는 아이들에게 할 수 있는 가장 현실적인 지도는 온라인에서 칭찬하는 사람을 경계하라고 분명히 알려주는 것입니다.

> ### 아이 스스로 자신을 보호할 수 있도록
> ### 경각심을 일깨워주세요

1. 좋은 친구는 얼굴을 직접 보고 웃을 수 있는 사람이라고 알려주세요. "스마트폰을 통해 알게 된 사람이 친구가 되는 경우도 있지만, 진짜 좋은 친구는 교실처럼 가까운 곳에 있어. 비슷한 환경에서 같은 경험을 하며 공통된 이야기를 나누면 금방 친해지거든. 온라인에서 친구를 찾기 전에 주변을 편하게 둘러보면 어떨까? 네가 알지 못한 멋진 친구가 기다리고 있을 거야."

2. 둘만의 비밀을 만들려는 사람은 한 번 의심해도 좋다고 일러주세요. "'어른에게 말하면 안 돼', '우리 둘만의 비밀이야', '친구나 선생님한텐 쉿!', 이렇게 지켜야 하는 비밀을 만들면서 관계를 유지하려는 사람도 있어. 하지만 네가 믿을 만한 주변 사람한테 당당하게 말하지 못하는 사이라면 조금 의심스러운 거야. 좋은 친구가 생겼다면 비밀로 할 것이 아니라 오히려 주위에 자랑하고 싶지 않겠어? 숨길 게 많은 사이는 안전하지 못하다는 뜻일 수도 있어."

3. 나이 차이가 너무 많이 나는 사이도 건강하지 않을 수 있음을 일러주

세요.

"네가 성인이 되고 나서는 나이가 너보다 많든 적든 네가 원하는 대로 친구를 사귈 수 있어. 하지만 어른이 되기 전에는 그러한 판단을 하기가 어려워. 어떤 나쁜 어른들은 그 점을 이용해서 어린이, 청소년과 친구가 되려고 해. 그런데 잘 생각해봐. 네가 만약에 6학년이라면 1학년인 아이랑 함께 놀면 어떨까? 좀 재미없겠지? 하물며 어른인 사람이 나이 차이가 많이 나는 사람과 정말 똑같은 친구가 될 수 있을까? 어른은 어른끼리 놀아야 재밌는 건데. 그러니 친구가 되자고 다가오는 어른은 나쁜 의도를 갖고 있을 가능성이 높아. 그 점을 잊지 마."

편견으로 채운
나쁜 그림책 거르는 법

4차 산업혁명이다, 디지털 시대다 해도 어린이들과 절대 떨어질 수 없는 것이 있습니다. 바로 책이에요. 어린이책에도 편견이 존재합니다.

'책은 다 좋은 거니까 많이 읽을수록 좋아.'

'책으로 만들어져 세상에 나온 것에는 유용한 정보가 많이 담겨 있을 거야.'

그런데 안타깝게도 어린이책이라고 다 좋은 것만은 아닙니다. 작가, 편집자, 출판사 등 책을 만드는 모두가 예민한 감각을 가지고 있어야 고정관념 없는 좋은 책이 나오는데, 그것이 쉬운 일은 아니기 때문입니다. 솔직히 말씀드리면 읽지 말아야 할 나쁜 책이 어린이 주변에 정말 많습니다.

나쁜 책은 어떤 책일까요?

첫째, 동물이나 비인간을 의인화하는 과정에서 성별 고정관념이 반영된 표현이 있는 책입니다. 예를 들면 삽화에서 갈기가 있는 수사자에게 양복을 입혀 권위가 있는 존재로 표현함과 동시에 토끼에게는 빨간 리본과 구두를 신겨 놓는 사례입니다. 양복 입은 수사자 그림을 보면 '중요한 결정을 하는 존재는 남성'이라는 인식을 갖기 쉽습니다. 또한 하이힐 신은 토끼 그림은 여성은 초식 동물처럼 연약한 존재이면서 힘이 없고, 예쁘게 꾸며야 하는 존재라고 착각하게 만들 수 있습니다. 이러한 관습적인 표현은 우리 아이들의 사고를 확장시키지 못합니다.

둘째, 과학적인 사실에 반하는 책입니다. 기발한 상상력을 발휘한 것처럼 보이지만 실제 세계에 존재할 수 없는 것에 대해 표현해서 아이들을 헷갈리게 하는 도서도 있습니다. 예를 들어 염소가 풀을 먹어야 하는 것은 종의 특성이지요. 그런데 책에서 염소가 "나는 풀을 안 먹어. 이제부터 고기를 먹을 거야. 이게 내 삶의 방식이야"라고 말합니다. 본래 주어진 성향에 따르지 않고 기존의 틀을 깨는 것만이 참신함은 아닙니다.

셋째, 현실 세계를 반영한 듯 보이지만 성인지 감수성이 부족한 책입니다. 화장을 하며 공부하라고 윽박지르는 엄마, 사람 좋은 미소를 짓고 있지만 집안일은 전혀 하지 않는 아빠, 분홍 옷을 입고 발레 하는 여자아이, 파란 옷을 입고 축구 하는 남자아이. 주변에 흔히 있는 인물을 가져와 삽입했다고 볼 수도 있겠지만, 이런 예시는 비판적 사고 과정이 없는 답습에 불과합니다.

넷째, 특정 대상에 대해 대상화하는 책입니다. '대상화'란 자기 방식대로 의미 부여한 존재를 만들어내는 것입니다. 성적 대상화가 가장 극한 예시라고 할 수 있습니다. 인간을 주체로 보지 않고 성적인 자극을 위한 존재로 표현하고 묘사하는 것이지요. 어린이들이 보는 책에 이러한 장면이 나올까 싶습니다만, 의외로 많습니다. 그러니 더욱 심각한 문제인 것이지요. 성적 대상화뿐 아니라 특정 집단에 대한 혐오, 차별, 편견을 드러내는 서사도 많습니다. 어린이 인물을 묘사하면서 아무것도 하지 못하고 보호만 받아야 하는 존재로 그리는 것도 같은 맥락이라고 할 수 있습니다. 이처럼 인간 자체로 존중하는 것이 아니라 평가하고 가치를 매기는 모든 행위가 대상화라고 할 수 있으며 어린이책에 절대 있어서는 안 됩니다.

나쁜 책의 영향력은 생각보다 강해요

좋은 책을 만드는 작가는 하고 싶은 이야기만 하는 사람이 아닙니다. 그 책을 읽는 독자가 어떠한 사고 과정을 겪게 될지 그 영향력을 충분히 생각하는 사람입니다. 가정에 있는 책장에서 그림책을 꺼내 앞서 말씀드린 사례에 해당하는 표현들이 있는지 천천히 들여다보세요. 만약 그러한 묘사를 발견했다면 아이와 함께 무엇이 잘못되었는지 이야기해보는 것도 좋습니다.

아이들이 좋아하는 그림책과 동화에 등장하는 삽화는 정말 중요합니다. 때로는 문자보다 이미지가 더 큰 힘을 발휘하기도 하지요. 그래서 그림이 표현하는 방식을 눈여겨보아야 하고, 그것이 올바른 성인지 감수성을 가지고 있는지 살펴봐야 합니다. 이것은 비단 그림책이나 동화에만 적용되는 것은 아닙니다. 그림책과 동화책을 읽던 아이는 언젠가 웹툰, 드라마, 예능, 개인 방송 등 다양한 콘텐츠들을 접하게 되기 때문입니다. 언제 어떤 방식의 이야기를 만나든 아이들이 나쁜 콘텐츠를 거를 수 있는 능력을 가지려면 영유아기부터 좋은 콘텐츠를 많이 접하고 비판적 사고를 기르는 연습을 해야 합니다. 양육자와 어린이 모두가 예민한 감각을 가지고 현명한 소비자가 되기를 바랍니다.

'뼈말라' 연예인의 유행이
걱정이시라면

"밥을 왜 그렇게 조금밖에 안 먹어?"

"선생님, 저 다이어트 하는 중이에요. 저 살 빼야 해요!"

놀랍게도 초등학교에서 상당히 흔하게 목격하게 되는 장면입니다. 한창 자라나는 성장기 아이들의 앳된 입에서 무심하게 튀어나오는 '다이어트'라는 단어가 참 얄궂게만 들립니다.

초등학교에서 아이들을 가르친다는 것은 최근 트렌드와 이슈를 가장 빠르게 접할 수 있는 일입니다. 초등학생들은 교복을 입지 않기 때문에 옷차림의 유행에서도 최전선에 있음을 몸소 느낄 수 있었죠. 제가 마주했던 학생들이 좋아했던 패션 변천사가 떠오릅니다. 일명 '하의 실종'이라 불리던 짧은 반바지에 길이가 긴 티셔츠를 즐겨 입던 학생들이 있었고, 테니스 스커트와 긴 양말을 매치했던 아이들, 크롭티를 입기 위해 밥을 적게 먹던 학생들을 만났습니다. 최근에는 뼈가 보일 정도로 마른 여성 연예인들의 모습을 동경하고 따라 하려는 청소년도 많다고 합니다.

저 역시 마른 몸을 유지하기 위해 저녁을 굶고 운동하며 미니스커트를 즐겨 입을 때가 있었습니다. 학생들이 "선생님 예뻐요"라고 하면 하루 종일 기분이 좋았던 적도 있습니다. 하지만 이제는 압니다. '하의 실종', '스커트', '크롭티', '뼈말라'는 모두 여학생과 저를 포함한 여성에게만 관통되는 주제라는 것을요.

K-Pop의 위상이 날로 높아짐에 따라 한국의 아이돌 그룹과 산업이 크게 각광받고 있습니다. 세계 각국에서 모인 이들이 K-Pop 유학을 하는 과정을 그린 TV 프로그램도 있었을 정도이니 그 인기가 대단한 것 같아요. 최근 해외로 여행을 갔을 때 쇼핑몰에 K-Pop 음악이 심심치 않게 흘러나오는 것을 발견하고는 놀랐습니다.

"이 사진 좀 봐."

"진짜 예쁘다!"

"그치? 나도 이렇게 머리 길러볼까?"

"머리 기르고 살도 좀 빼야지."

"오늘부터 다이어트도 할 거야."

아이돌을 보며 아이들이 나누는 가상의 대화입니다. 대화를 나눈 인물들의 성별을 예상해보세요. 여자일까요, 남자일까요? 정답은 없습니다. 누구든 머리를 기르고, 다이어트를 할 수 있는 세상이니까요. 하지만 주변을 둘러보면 '머리를 기르고 다이어트를 한다'라는 발언은 주로 여학생들이 많이 하는 것 같습니다.

찰랑찰랑 긴 생머리를 휘날리며 춤추는 모습을 떠올려보면 그건 남성 아이돌의 모습은 아닐 겁니다. 댄스학원이나 K-Pop 관련 검색 결과를 살펴봐도 대부분 여학생을 위한 것이고 '남자 방송 댄스' 카테고리는 따로 있을 정도예요. 그만큼 아이돌, 방송에 대한 수요는 여성이 대부분 차지하고 있습니다.

매년 12월 말이 되면 각 방송사에서 앞다투어 연말 시상식 방송을 내보냅니다. 연말 시상식에 빠질 수 없는 것이 가요축제 등 가수들의 무대인데요. 축제에 참가하기 위해 포토월 앞에 서는 아이돌들의 모습을 머릿속으로 떠올려보세요. 좋아하는 아티스트도 좋고 쉽게 떠오르는 유명한 사람도 좋습니다. 그런데요, 연말 가요 시상식을 보다가 참 이상하다고 느껴졌던 점이 있어요. 바로 그들의 의상입니다.

여성 아티스트들은 대부분 짧은 치마나 바지, 어깨가 훤히 드러나는 민소매 상의나 드레스 등 몸의 살색을 많이 보여주는 옷을 입고 있었습니다. 반면 남성 아티스트들은 짠듯이 모두 슈트를 입고 카메라 앞에 섭니다. 여기서 잊으면 안 되는 것이 있습니다. 그들이 야외 포토월에 서는 계절 말이에요. 12월에 열리는 연말 시상식이니까 가장 추운 겨울이라는 거죠.

미디어에서 보이는 연예인의 모습을 보면 이러한 편견이 생기기 쉽습니다.

'아이돌은 예쁜 외모가 중요하니까 멋진 옷을 입기 위해 계절이랑 상관없는 옷을 입을 수 있다.'

그렇게 생각할 수 있습니다. 그들은 프로니까요. 대중 앞에서 항상 완벽하게 세팅된 모습을 보여주는 것이 직업적 의무라고 할 수도 있죠.

그런데 이상한 것은 옷을 덜 입는 것이 세팅된 모습이 맞다면, 왜 남자 아티스트들은 긴 팔, 긴 바지 세트를 입느냐는 점입니다. '아이돌이 실력만 있으면 되지 의상이 그렇게 중요한 문제인가요?'라고 물으실 수 있습니다. 무엇을 입든 자유죠. 그렇지만 K-Pop 아이돌의 외형적 모습은 정말 중요합니다. 청소년 및 어린이들에게 큰 영향을 끼치기 때문이에요.

'아이돌 의상'이라고 포털사이트에 검색해보면 어떠한 결과가 나올까요? 아이돌 무대 사진과 함께 아이돌과 똑같은 의상을 구매할 수 있는 형형색색의 쇼핑 페이지가 나옵니다. 재미있는 것은 남자 아이돌의 의상은 찾기 힘들고 거의 여성 아이돌의 의상만 검색이 됩니다. 배꼽이 보이는 크롭티, 속바지만큼 짧은 반바지, 가슴을 부각하는 딱 붙는 상의, 상체의 절반만 겨우 가려주는 화려한 탑, 짧은 기장의 원피스 등이 등장합니다. 옷만 소개하는 페이지도 있지만 모델이 의상을 입고 있는 사진도 볼 수 있어요. 모델들의 포즈는 다리를 꼰다거나 허리를 비틀고, 엉덩이를 내미는 듯 전형적으로 성적인 매력을 뽐내는 포즈입니다. 이런 검색 결과를 보는 우리 아이들 머릿속에는 어떠한 고정관념이 자리 잡을까요?

⚥ 몸은 그냥 몸입니다

어떤 분들은 마른 몸을 가진 아이돌 존재 자체를 비난하기도 합니다.

'저 뼈말라 연예인들 때문에 아이들이 따라 하잖아.'

안타까운 반응입니다. 마른 몸을 가진 사람이 유행의 원인이 아니니까요. 그보다 마른 여성의 몸을 숭배하는 사회적 분위기를 지적해야 하지 않을까요?

우리가 미디어를 보며 지적해야 하는 것은 비현실적인 몸의 이미지를 가진 사람의 존재가 아닙니다. 사회구조와 자본이 그들을 어떻게 소비하고 조명하고 있는지에 관심을 기울여야 합니다. 이 지점에서 성별에 따른 차이가 있다면 더더욱 예리한 눈길로 바라보아야 하고요. 아이돌과 연예인은 사회적 요구를 '수행'하고 있는 사람에 불과합니다.

만약 우리 사회 미의 기준이 마른 사람이 아니라 턱선이 드러나지 않을 정도로 살집이 있는 모습이었다면, 아이들은 그렇게 되기 위해 일부러 많이 먹었을 수도 있습니다. 미의 기준이 시대적·사회적으로 다르다는 것은 우리가 다 알고 있으니까요. 중요한 것은 어떠한 몸의 표준, 이상향을 만들어내고 그것을 꾸준히 청소년들에게 주입하는 문화가 잘못되었음을 이야기해야 한다는 것입니다. 아이들이 있는 그대로의 자신을 사랑하지 않고 '누군가처럼 되기 위해' 건 강을 해칠 수도 있는 식습관을 갖게 된다면 그거야말로 국 가적 손실일 테니까요.

　몸은 그냥 몸입니다. 다른 사람들이 정한 기준대로 가꾸 어야 할, 바꾸어야 할 것이 아니에요. 나의 영혼을 온전하 게 담을 수 있도록 건강하게 유지해야 하는 그릇인 셈이죠. 우리 아이들은 키가 작으면 작은 대로, 마르면 마른 대로, 근육이 많으면 많은 대로 자신만의 건강 체중을 잘 관리하 면서 스스로의 몸을 사랑해주었으면 합니다.

신체에 대한 개념을 정립하는 데 도움 되는 책

✿ 『장수탕 선녀님』 백희나

: 어린이와 할머니가 목욕탕에서 즐겁게 노는 장면에서 알 수 있듯 여성의 몸을 대상화하지 않고 있는 그대로 그렸어요.

✿ 『문어 목욕탕』 최민지

: 아빠와 단둘이 사는 여자아이가 혼자 목욕탕에 가서 겪는 즐거운 이야기예요. 여탕에서 목욕하는 사람들의 모습을 재치 있게 표현했어요.

✿ 『밥·춤』 정인하

: 다양한 일터에서 일하는 사람들의 힘찬 몸짓이 우리에게 응원을 보내는 것 같습니다.

건강한 첫 성 경험을 위한
12가지 원칙

'비닐봉지 콘돔', '후미진 골목 뒤 계단', '비어 있는 집'. 미성년자들의 성 경험 관련 키워드입니다. 청소년들이 자라면서 2차 성징을 겪고 성적 욕구를 가지게 되는 것은 자연스럽다는 것을 알지만, 그렇다고 성 경험을 권장할 수도 없는 노릇이고, 어떻게 하면 좋을까요?

청소년의 성 경험에 대해서는 다양한 의견이 많으며, 저역시 아이를 키우면서 앞으로 가장 고민이 되는 지점 중 하나입니다. 결론부터 말씀드리면, 성 경험에 대해서 모르는 척해서는 안 된다는 것입니다.

'성에 대해 전혀 모르다가 성인이 되면, 혹은 취업을 하고 나서 적당한 파트너와 자연스럽게 성 경험을 하고 적당

한 때에 결혼이나 출산을 경험해야 한다.'

많은 양육자가 자녀의 성에 대해 가지고 있는 인식입니다. 이는 양육자가 원하는 어느 시점까지 무성적인 존재로 살아가길 바란다는 것인데 그건 불가능한 일입니다. 적당한 때, 자연스럽게 성 경험을 하는 것 역시 정답은 없으며 자녀가 부모의 기대와는 다르게 행동할 수도 있습니다. 제대로 알려주지 않은 것에 대한 대가를 자녀 스스로 책임지고 해결하는 등의 불편한 시행착오를 겪게 될 수도 있습니다.

게다가 갈수록 자극적인 콘텐츠가 늘어가는 세상에서 청소년들은 원하지 않아도 성적 자극을 받게 됩니다. 하다못해 웹 서핑을 하다가 필요한 정보나 기사를 보려고 링크를 들어가기만 해도 성적인 자극을 유도한 배너가 수두룩하게 뜨니까요. 모른 척하고 싶어도 모를 수 없는 세상입니다.

자녀의 성에 대해 한 번도 생각해본 적이 없는 분일지라도, 비닐봉지를 이용하여 피임을 하며 무엇을 하는지도 모르는 채 성 경험을 하는 것이 내 아이가 될 거라고 생각하는 양육자는 아무도 없을 것입니다.

그럼 가장 현실적이면서도 안전한 성 경험을 위한 방법은 무엇일까요? 양육자와의 대화가 가장 중요하다고 생각합니다. 양육자들은 일상생활에서 경제, 인성, 학업, 사회성 등 많은 것에 대해 논하고 교육합니다. 밥상머리 교육과 가정교육이 중요하다는 것은, 인간이 살아가면서 꼭 알아야 하는 것에 대해 여러 시각에서 살펴볼 수 있기 때문이겠죠. 이것은 책이나 영상으로는 채울 수 없는 살아 있는 경험이 꼭 필요한 교육입니다. '성'도 마찬가지입니다. 성적인 존재인 우리에게 가정에서의 교육은 중요합니다.

어떤 이야기들을 나누면 좋을까 예시를 준비했습니다. 다음 주제에 대해 모두 이야기를 나눈 사이라면 서툰 성 경험으로 인한 시행착오를 줄일 수 있지 않을까 기대합니다.

건강한 성 경험을 위한 12가지 대화 주제

1. 우리는 모두 성적인 관계에 의해 태어났다.

"사람은 모두 짝짓기로 태어나. 그건 부끄러운 것이 아니야. 어떤 사람들은 섹스라는 단어를 불편하게 생각하지만 그건 문화적인 영향이지, 성관계 자체가 나쁜 것이 아니야. 인간에게 그저 자연스러운 거지. 만약 어떤 사람이 성이나 관계에 대해 유독 격하게 반응한다면 그 사람은 성에 대해 자연스럽게 접하고 말할 기회가 많이 없어서 그럴 거야."

2. 인간의 성적 욕구는 사람마다 상황마다 다르다.

"어떤 사람들은 친밀감이나 애정을 표현하기 위해 몸을 만지고 싶어 하는 사람도 있지만 그렇지 않은 사람도 있어. 사람마다 조금씩 달라. 예를 들어 포근히 안아주는 것이 있지? 어떤 사람은 5분마다 한 번씩 안아주길 원하고 어떤 사람은 하루에 한 번이면 충분해. 또 어떤 사람은 아주 가끔 안아주더라도 괜찮을 수도 있어. 중요한 건 말이야, 안는 것을 좋아하는 사람일지라도 피곤한 날에는 그렇게 하고 싶지 않을 수도 있다는 거야. 그러니 좋아하는 마음을 몸으로 표현하고 싶거든 나와 상대방이 어떤 마음이고 어떤 상태인지 꼭 살펴야 해."

3. 성적인 욕구는 자연스러운 것이나, 그것을 해소하며 남에게 불편을 주어서는 안 된다.

"동물도 아기였다가 자라서 어른이 되면 짝짓기를 할 수 있듯이 사람도 마찬가지야. 어른이 되어가는 과정 중

몸과 마음이 변하는 것이 사춘기지. 사춘기 때는 이전에 몰랐던 몸의 감각이 느껴질 수 있어. 성기가 간질간질하다든지, 힘이 들어간다든지, 만지고 싶어질 수도 있고, 나를 자극하는 생각이 떠오를 수도 있고, 다양한 느낌을 받을 수 있어. 그런 생각이나 느낌이 드는 것은 자연스러운 일이야. 잘 자라고 있다는 뜻이지. 그런데 말이야, 성적인 욕구가 자연스럽다고 해서 그걸 당당하게 아무에게나 드러내도 된다는 뜻은 아니야. 다른 사람에게 '성적 불쾌감'을 줄 있거든. 그러니 나의 감각은 온전히 나 스스로 느끼도록 하자. 혼자 있을 때, 안전하고 깨끗한 환경에서 말이야."

4. 성적 행동 때문에 일상생활이 방해된다면 위험한 상황일 수도 있다.

"예전에는 자신의 성기를 만지는 등의 자위행위를 불결하고 나쁜 일이라고 여겼어. 하지만 지금은 청소년기의 자연스러운 현상이라고 받아들이고 있지. 그런데 자위행위가 나쁜 것이 아니라고 해서 그것이 일상을 방해해도 된다는 의미는 아니야. 예를 들어 성적 욕구에 몰입

하느라 학교생활이 힘들어진다거나, 약속을 어긴다거나, 해야 할 일을 놓친다거나, 밥을 먹지 않거나, 잠을 자지 않는 등 일상과 건강이 무너지는 일로 연결되면 그건 잘못된 거야. 성에 관련된 행동뿐 아니라 그 어떤 것도 너의 일상을 방해한다면 경계해야 해."

5. 한 번의 성 경험으로 인해 성병에 걸리거나 임신을 할 수도 있다.

"청소년기를 비롯해 갓 성인이 된 사람들 중에서 욕구를 충족시키기 위해 성적 관계를 맺는 경우가 있어. 그런데 이러한 관계가 때로는 의도치 않은 상황을 만들 수도 있어. 성병에 걸리거나 임신을 하는 경우야. 성병에 걸리게 되면 약도 먹고 병원도 꾸준히 다녀야 하며 지속적으로 성기를 보살피는 등의 노력이 필요해. 임신을 하게 되면? 문제가 꽤나 심각해지지. 아이를 낳아서 기를 상황이 아닌데 억지로 출산을 해야 할 수도 있고, 여자가 임신 중단 수술을 받아야 할 수도 있지. 그런 일은 생각보다 자주 일어나. 왜냐하면 청소년기부터는 번식력이 꽤 왕성하다고 할 수 있거든. 그렇기 때문에 이러한 가능성을 모두 알고 있어야 해."

6. 100퍼센트 완전한 피임법은 없다.

"콘돔을 알고 있어? 성관계시 발기된 남성의 성기에 씌우는 얇은 고무 말이야. 임신을 피하기 위해서 정액이 나오지 않게 가둬두는 장치이지. 어떤 사람들은 콘돔이 임신을 꽤나 잘 막아준다고 생각하는데 그렇지 않은 경우도 많아. 또 월경 기간에 성관계를 하면 임신이 되지 않을 거라고 예상하는 사람이 많은데 그것도 사실이 아니야. 100퍼센트 완전한 피임법은 성관계를 맺지 않는 것뿐이야."

7. 청소년기의 임신 중단은 불가능할 수도 있으며 심각한 후유증을 유발할 수도 있다.

"청소년기에 성적 관계를 맺다가 아기가 생기면 어떨까? 그건 행복한 일일까? 아마 아닐 거야. 아기의 생명이 소중하지 않다는 것이 아니야. 낳아서 몇십 년 동안 잘 기를 수 있는지 그걸 고민해보자는 거야. 아기가 태어나면 혼자서는 절대로 살 수 없어. 누군가 옆에서 24시간 있어줘야 하지. 만약 청소년이 출산을 한다면? 학교를 다닐 수 있을까? 그건 불가능해. 아기를 먹여 살리려면 돈도 벌어야 하는데 과연 원하는 직업을 가질 수 있을까? 아기는 귀여운 강아지나 인형이 아니야. 엄청난 책임감과 시간과 돈이 들어가야만 키워낼 수 있는 존재야. 임신하면 그냥 수술하면 되지 않냐고? 물론 그런 방법도 있지. 하지만 청소년은 성인과 다르게 아직 성장기이고 수술 이후에 어떤 부작용이 생길지 예상하기 어려워. 최악의 경우 다시는 아기를 가질 수 없게 될 수도 있지. 물론 여성의 몸을 말하는 거야."

8. 임신이 된 경우 성별에 따라 책임져야 할 상황이 다를 수 있다.

"성인이 된 사람들 중에서도 임신 이후를 책임지지 않는 사람이 많아. 특히 어떤 남성들은 자신의 몸에 아기가 생긴 것이 아니기 때문에 무책임한 태도로 연락을 끊어버린다거나 임신 중단 수술만을 강요하고 관계를 단절해버리는 경우도 있어. 이런 경우에는 그 이후의 모든 일을 여성 혼자 책임져야 해. 다시 말해서 임신이 축복일 수 있는 경우는 두 파트너가 아기를 충분히 책임질 수 있는 상황이어야 하는 거지."

9. 성관계를 하기 전에 어떠한 강요나 불평등도 있어서는 안 되며 충분한 동의가 필요하다.

"너도 언젠간 성적 경험을 하게 될 거야. 그때가 언제일지는 모르지만 한 가지는 꼭 기억했으면 좋겠어. 너 자신과 파트너의 충분하고 적극적인 동의가 필요해. 설득이나 강요, 협박이 있어서는 안 되고 술에 취해 있는 등 또렷한 사고를 할 수 없는 상황이어서도 안 돼."

10. 청소년기에는 충분한 동의가 무엇인지 잘 모를 수도 있다. 성 경험은 그 이후에 일어날 수 있는 사안에 대해 충분히 고려해 본 후 경험해도 늦지 않다.

"성 경험에서는 적극적인 동의가 중요해. 그런데 미성년자는 충분하고 적극적인 동의가 무엇인지 잘 모를 수도 있어. 그 당시에는 동의했다고 생각해도 나중에 시간이 지나서 결정을 후회할 수도 있거든. 어른도 실수를 하는데 청소년도 마찬가지지. 그러니 성적 경험에 대해서는 신중하고 또 신중하게 생각하는 것이 좋아. 즐거움보다 그에 따르는 책임이 더 무겁거든."

11. 파트너가 성 경험에 대해 비밀 유지를 약속했다고 해도 지켜지지 않을 수도 있다. 함께 성적 행위를 했어도 성별에 따라 그 경험이 다르게 취급될 수도 있으며, 특히 청소년기의 성 경험은 소문, 성병, 불법 촬영, 유포, 임신 등의 걱정에서 자유롭지 못하다.

"만약 네가 파트너와 성관계를 했다고 치자. 서로 비밀을 지키기로 약속도 했어. 그런데 원치 않게도 그 사실이 친구들이나 주변인들에게 소문이 날 수도 있어. 약속을 깨는 경우도 많으니까. 그래도 괜찮을까? 또, 우리 사회에서는 아직 성 접촉에 대해 성별에 따라 다르게 평가하는 일이 있어. 예를 들면 여성, 남성 간 관계를 가졌을 때 말이야. 남성에게는 긍정적인 평가를, 여성에게는 부정적인 평가를 내릴 수 있거든. 잘못된 생각이지. 그러나 그런 생각을 하는 사람이 꽤 많아."

12. 성에 대해 서툴러 실수를 한다면 주변의 믿을 수 있는 어른에게 도움을 요청해도 괜찮다.

"네가 언제 성 경험을 하든 혹시나 실수를 하거나 책임을 지기 어려운 상황이 온다면 그때는 믿을 수 있는 어른에게 도움을 청해도 돼. 특히 건강에 관한 문제는 빨리 도움을 요청하는 것이 좋겠지? 이를테면 함께 사는 어른, 선생님, 의사, 상담사 등 말이야. 주변 친구나 온라인에 묻는 것보다는 주변을 둘러보는 것이 더 도움이 될 거야."

번식에 대한 욕구는 인간의 본능입니다. 다만 옛날의 인간들이 왕성한 번식을 했던 시기에 요즘 사람들은 학업에 열중하고 있다는 것이 문제라면 문제이지요. 어찌 보면 인간의 생애 주기와 현대인의 삶의 주기가 조금 어긋나 있기도 한 것 같습니다. 하지만 어쩌겠습니까. 성적인 존재인 우리가 혼자서도 행복하고, 파트너와 함께할 때도 즐거울 수 있는 환경을 만들어주는 것이 어른들의 몫입니다. 조금은 어려워도 더 혼란스러울 우리 아이들을 위해 어른들이 먼저 성에 대한 대화의 포문을 열어주시면 어떨까요?

청소년기 성교육에 유용한 책

✿ 『**소녀소년 평등 탐구생활**』 양해경 글 | 권송이 그림

　: 청소년기의 몸, 연애, 성, 성폭력의 개념에 대해 친절하게 안내하는 책
　이에요.

✿ 『**동의가 서툰 너에게**』 유미 스타인스, 멜리사 캉 글 | 제니 래섬 그림

　: 내 몸과 마음의 주인이 되는 구체적인 방법을 일러주는 쉽고 재미있
　는 책이에요.

✿ 『**오! 이토록 환상적인 우리 몸**』 손냐 아이스만 글 | 아멜리 페르손 그림

　: 신체의 구석구석에 대해 면밀하게 살펴보면서 몸에 대한 존중감을 일
　깨워요. 몸의 일부에 대한 문화적 이야기까지 읽다 보면 다양한 몸
　을 저절로 사랑하게 될 거예요.

우리는
두 갈림길 사이에 있습니다

'성인지 감수성'이라는 하나의 키워드를 '양육'이라는 주제에 꿰어 다루었습니다. 읽는 내내 어떠셨는지 궁금해요.

'이미 알고 있는 당연한 이야기였어.'

이와 같이 생각하셨다면 정말 반갑습니다.

'새로운 시각을 얻었긴 했지만 무언가 불편해.'

이 같은 생각이 드셨다면 편치 않은 독서 경험을 드려 죄송합니다. 끝까지 들어주시느라 정말 고생 많으셨어요. 아마 기존의 신념이 틀렸음을 인지하셨거나, 편견을 드러냈던 언행을 반성하게 되어 불편하셨을 거예요.

아주 예전에 교사들끼리 이런 이야기를 나눈 적이 있습

니다.

"해외에서는 학생이 '아이스케키(여자 아이 치마 들추기)'를 하면 정학을 당하거나 처벌을 받는대."

"정말? 그냥 애들 장난이잖아."

지금은 어떤가요? 다른 아이의 치마를 들추어 속바지나 속옷을 보이게 했다면 우리는 그것을 '성희롱' 혹은 '학교 폭력'이라고 부릅니다. '아이스케키'에 대한 엄격한 법령이나 학칙이 새로 생겼기 때문일까요? 아닙니다. 폭력의 기준이 달라졌고 감수성이 변했기 때문에 예전에는 괜찮았던 것이 이제는 나쁜 행동으로 여겨지는 것이죠.

잘못하면 매 맞고 속옷만 입고 쫓겨나던 시절을 겪은 어린이들은 자라서 "아이들에게 체벌은 안 돼"라고 말하는 어른이 되었습니다. 그러한 문화를 받아들이고 실천하는 것은 누구였을까요? 바로 우리입니다. 이제는 성에 대한 시각도 달라져야 합니다. 자라나는 아이들에게 성에 대한 어떤 문화 자본을 물려주고 싶으신가요?

책을 읽고 조금이라도 불편한 마음이 드셨다면 이제 두 갈림길 사이에서 선택할 때입니다. 원래의 자리에 머물러 있기, 아니면 평등한 세상으로 나아갈 동력으로 불편함을 사용하기. 결정은 독자분의 몫입니다.

'그냥 육아만 하기도 힘든데 성인지 감수성까지 가져야 한다니' 하는 부담을 드렸다면 죄송해요. 그래서 저는 이 책이 빨리 '구닥다리' 교양서가 되었으면 좋겠습니다. 양육자들이 성인지 감수성을 가지고 아이를 키우는 것이 상식이 되어버린 세상에 살고 싶기 때문이에요. 그런 날이 온다면 어린이, 어른, 여성, 남성 할 것 없이 지금보다 더 많이 행복할 것 같거든요.

그러기 위해서는 당신의 한마디가 꼭 필요합니다.

'요즘 세상에 여자, 남자 그런 게 어디 있어. 그런 얘기 하면 큰일 나! 성인지 감수성 몰라?'

내 아이를 지키는 성인지 감수성 수업

초판 1쇄 인쇄 2023년 10월 13일
초판 1쇄 발행 2023년 10월 26일

지은이 서현주
펴낸이 이승현

출판1 본부장 한수미
라이프 팀
편집 곽지희
디자인 함지현

펴낸곳 ㈜위즈덤하우스 **출판등록** 2000년 5월 23일 제13-1071호
주소 서울특별시 마포구 양화로 19 합정오피스빌딩 17층
전화 02) 2179-5600 **홈페이지** www.wisdomhouse.co.kr

ISBN 979-11-6812-827-9 13590